Fachwissen Technische Akustik

Diese Reihe behandelt die physikalischen und physiologischen Grundlagen der Technischen Akustik, Probleme der Maschinen- und Raumakustik sowie die akustische Messtechnik. Vorgestellt werden die in der Technischen Akustik nutzbaren numerischen Methoden einschließlich der Normen und Richtlinien, die bei der täglichen Arbeit auf diesen Gebieten benötigt werden.

Weitere Bände in der Reihe http://www.springer.com/series/15809

Michael Möser

(Hrsg.)

Bauakustische Messungen

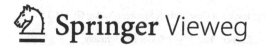
Springer Vieweg

Herausgeber
Michael Möser
Institut für Technische Akustik
Technische Universität Berlin
Berlin, Deutschland

ISSN 2522-8080 ISSN 2522-8099 (electronic)
Fachwissen Technische Akustik
ISBN 978-3-662-57750-9 ISBN 978-3-662-57751-6 (eBook)
https://doi.org/10.1007/978-3-662-57751-6

Die Deutsche Nationalbibliothek verzeichnet diese Publikation in der Deutschen Nationalbibliografie; detaillierte bibliografische Daten sind im Internet über http://dnb.d-nb.de abrufbar.

Springer Vieweg ist ein Imprint der eingetragenen Gesellschaft Springer-Verlag GmbH, DE und ist ein Teil von Springer Nature
Die Anschrift der Gesellschaft ist: Heidelberger Platz 3, 14197 Berlin, Germany

Inhaltsverzeichnis

Autorenverzeichnis

Dr.-Ing. Heinz-Martin Fischer Hochschule für Technik Stuttgart, Stuttgart, Deutschland

Dr.-Ing. Berndt Zeitler Hochschule für Technik Stuttgart, Stuttgart, Deutschland

Bauakustische Messungen

Heinz-Martin Fischer und Berndt Zeitler

Zusammenfassung

Dieser Band der Reihe Fachwissen Technische Akustik behandelt die in der Bauakustik meistverbreiteten Messmethoden, vom theoretischen Hintergrund über anwendungspraktische Fragestellungen bis hin zu den nationalen und internationalen Normen. Die Normenreihe der DIN EN ISO 12354 dient dabei als roter Faden, da sie die messbaren Größen der Bauakustik in einen Gesamtzusammenhang bringt. Ausgehend von den Aufgabenstellungen der bauakustischen Messtechnik werden die infrage kommenden Kenngrößen erläutert. Ein wesentlicher Aspekt ist der Zusammenhang zu den bestehenden nationalen und internationalen Normen. Schwerpunktmäßig werden die Grundprinzipien der Luft- und Trittschalldämmung behandelt. Beschrieben werden Messverfahren, die im Labor und in Gebäuden zum Einsatz kommen. Dabei wird ausführlich auf die Schalldämmung als Bauteil- bzw. Systemeigenschaft eingegangen. Die aus den physikalischen Grundlagen ableitbaren Voraussetzungen der Messverfahren wie z. B. die Anforderungen an die Schallfelder und die daraus ableitbaren Festlegungen der Messverfahren (z. B. Position und Anzahl von Lautsprechern und Mikrofonen) werden eingehend diskutiert. Auf praktische Fragestellungen wie die Notwendigkeit der Fremdgeräuschkorrektur oder den Einfluss der Körperschallnachhallzeiten auf die Messergebnisse wird bei den jeweiligen Messverfahren ebenfalls Bezug genommen. Ein ausführliches Literatur- und Normenverzeichnis ergänzt die behandelten Themen, sodass eine weiterführende Vertiefung ermöglicht wird.

1   Allgemeine Hinweise

Übliche Begriffe der Akustik werden in der Regel nicht erläutert, sofern es für die weitere Darstellung nicht erforderlich ist. Entsprechende Darstellungen finden sich in den einschlägigen Grundlagenbüchern. Insbesondere sei auf die DEGA-Empfehlung „Wellen und Felder" hingewiesen [1].

Angesichts der Vielzahl von Verfahren, die für bauakustische Messungen eingesetzt werden, war es geboten, eine Auswahl vorzunehmen. Beabsichtigt wird dabei, anhand der Verfahren für die Messung der Luftschall- und Trittschalldämmung die grundlegenden Prinzipien der bauakustischen Messtechnik zu vermitteln. Weitere Verfahren können dann entsprechend kürzer behandelt werden, ohne dass auf spezielle

H.-M. Fischer (✉) · B. Zeitler
Studiengang Bauphysik, Hochschule für Technik
Stuttgart, Stuttgart, Deutschland
E-Mail: heinz-martin.fischer@hft-stuttgart.de

B. Zeitler
E-Mail: berndt.zeitler@hft-stuttgart.de

© Springer-Verlag GmbH Deutschland, ein Teil von Springer Nature 2018
M. Möser (Hrsg.), *Bauakustische Messungen*, Fachwissen Technische Akustik,
https://doi.org/10.1007/978-3-662-57751-6_1

Details eingegangen wird. Einige Verfahren werden nur der Vollständigkeit halber aufgeführt.

Bauakustische Messverfahren sind in fast vollständigem Umfang in entsprechenden Normen niedergelegt. Auf diese wird bei der Behandlung der verschiedenen Verfahren stets auch Bezug genommen. Zur Vereinfachung wird dabei im Text bei solchen Normen, die gleichzeitig nationale und internationale Bezeichnungen tragen, stets das internationale Kürzel verwendet (z. B. also ISO 10140-1 anstelle DIN EN ISO 10140-1). Angesichts der Vielzahl bauakustisch relevanter Normen werden diese nicht im Literaturverzeichnis aufgeführt. Stattdessen enthält Anhang A eine nach Themengebieten sortierte Zusammenstellung, in der die Normen dann auch mit den vollständigen nationalen und internationalen Normungsbezeichnungen aufgefunden werden können.

Das Ziel der vorliegenden Darstellung liegt allerdings nicht in der möglichst vollständigen Wiedergabe der Normentexte. Das können die angesprochenen Normen selbst viel besser. Vielmehr geht es darum, die grundsätzlichen Fragestellungen bauakustischer Messungen verständlich zu machen, die sich dann in entsprechenden Anweisungen der Normen niederschlagen. Es geht auch darum, einzelne Normen in einen übergreifenden Zusammenhang zu stellen, gelegentlich auch darum, sie partiell zu hinterfragen. Die Lektüre der originalen Normentexte ist unabdingbar, wenn es um eine Anleitung zum normgerechten Arbeiten geht.

2 Aufgabenstellungen und Methodik der bauakustischen Messtechnik

2.1 Aufgabenstellungen der bauakustischen Messtechnik

Was wird in der Bauakustik gemessen? Die Antwort ergibt sich aus der Frage, womit sich die Bauakustik beschäftigt. Es sind die Vorgänge der Schallübertragung in Gebäuden, die Schalleinwirkungen auf das Gebäude und die Schallabstrahlung vom Gebäude. Hinzu kommen die natürlichen und technischen Schallquellen, die im Gebäude in Erscheinung treten. Damit reichen die messtechnischen Aufgabenstellungen von den bauakustischen Eigenschaften des gesamten Gebäudes über die Eigenschaften einzelner Bauteile, Konstruktionen oder Schallquellen bis hin zu den Materialeigenschaften.

Auch wenn zahlenmäßig die Verfahren und die zugehörigen Regelwerke zum Luftschall überwiegen, kennt die Bauakustik a priori keine Beschränkung auf eine bestimmte Schallart. Grundsätzlich sind, wenn auch mit unterschiedlicher Gewichtung, Luftschall, Körperschall und Fluidschall/Wasserschall zu berücksichtigen. Als Sonderfall des Körperschalls tritt dabei der sogenannte Trittschall in Erscheinung. Die bauakustische Messtechnik ist somit eine Sammlung unterschiedlichster Verfahren und Methoden. Diese beruhen in einigen Fällen auf Methoden, die in anderen Kapiteln dieses Buches erläutert werden und für spezielle Fragestellungen der Bauakustik adaptiert werden. Darüber hinaus kennt die bauakustische Messtechnik aber auch eigenständige Methoden, die anderweitig nicht abgedeckt werden.

Grundsätzlich geht es um die Kennzeichnung der schalltechnisch relevanten Eigenschaften von Materialien, Bauteilen und kompletten Gebäuden. Die Messverfahren sollen die Voraussetzungen schaffen, dass Bauprodukte im Rahmen der schalltechnischen Entwicklung optimiert werden können, dass die schalltechnische Leistungsfähigkeit der Konstruktion beschrieben werden kann und dass ein Qualitätsvergleich einzelner Produkte unter einander ermöglicht wird. Dies beinhaltet auch die Überprüfung schalltechnischer Anforderungen, die an einzelne Bauteile oder Baukonstruktionen gestellt werden. Ein wesentlicher Aspekt der Bauteilkennzeichnung besteht darin, mithilfe der messtechnisch ermittelten Bauteilkennwerte die resultierenden bauakustischen Eigenschaften eines kompletten Gebäudes durch rechnerische Verfahren zu prognostizieren. Die Bauteileigenschaften müssen also so bestimmt werden, dass sie auch für das Gebäudeverhalten Relevanz besitzen.

Im baulichen Schallschutz werden Anforderungen an das Gebäude gestellt, z. B. an den Luftschall- und Trittschallschutz und die Einwirkung von Außenlärm und von Geräuschen haustechnischer Anlagen. Mithilfe geeigneter Messverfahren muss eine Überprüfung dieser Anforderungen möglich sein. Darüber hinaus werden Verfahren benötigt, mit denen eine messtechnische Analyse der bauakustischen Schwachstellen möglich ist.

Um alle genannten Bereiche abzudecken benötigt die bauakustische Messtechnik Verfahren für Laboruntersuchungen und Verfahren für Baumessungen.

2.2 Methodik der bauakustischen Messtechnik

Aus dem Grundprinzip der akustischen Übertragungskette nach Abb. 1 können die benötigten bauakustischen Messverfahren abgeleitet und den drei Anwendungsbereichen Emissions-, Transmissions- und Immissionsmessungen zugeordnet werden.

2.2.1 Emission

Der erste Anwendungsbereich beschäftigt sich mit der Emission der infrage kommenden Schallquellen. Im Vordergrund stehen dabei die haustechnischen Anlagen, die in erheblichem Maße zur Geräuschbelastung in Gebäuden beitragen. Im Rahmen der „klassischen" Bauakustik ist das eher ein Nebengebiet, das aber zunehmend an Bedeutung gewinnt, da die europäische Normung nach ISO 12354 (siehe dazu Abschn. 3.2.6) zukünftig auch diesen Bereich durch Berechnungsverfahren abdeckt. Für derartige Berechnungen werden geeignete Eingangsdaten benötigt. Dies wiederum setzt

die Existenz geeigneter Messverfahren zur Beschreibung der Emissionseigenschaften der Schallquellen voraus. Für die Charakterisierung von Luftschallquellen sind die messtechnischen Aufgaben schon lange gelöst und in entsprechenden Regelwerken umgesetzt (siehe Kap. 5). Für den Bereich der Bauakustik muss die messtechnische Charakterisierung von Körperschall- und Fluidschallquellen hingegen als weitgehend offen betrachtet werden.

2.2.2 Transmission

Die Schallübertragung über Bauteile und Konstruktionen eines Gebäudes ist der Kernpunkt der „klassischen" Bauakustik und auch heute noch die wesentliche Fragestellung in der Bauakustik. Im ersten Schritt kann die resultierende Übertragung, z. B. zwischen zwei Räumen eines Gebäudes, betrachtet werden, ohne dass dazu notwendigerweise die Eigenschaften der einzelnen Bestandteile bekannt sein müssen. Unabhängig davon, ob es sich um Luft- oder Körperschall handelt, kann das akustische Verhalten durch eine Übertragungs- oder Transferfunktion beschrieben werden. Das Bau-Schalldämm-Maß oder die Norm-Schallpegeldifferenz stellen z. B. eine solche (globale) Übertragungsfunktion dar. Stets geht es dabei aber um den Schallschutz im Gebäude, für den meistens mehrere Bauteile und Übertragungswege gleichzeitig verantwortlich sind.

Im Gegensatz dazu will man das Übertragungsverhalten einzelner Bauteile auch für sich alleine beschreiben. Dann handelt es sich um eine Bauteileigenschaft, die für das betrachtete Bauteil charakteristisch ist. Die gängigen Verfahren zur Beschreibung der Luftschall- oder Trittschalldämmung von Bauteilen können methodisch ebenfalls auf Übertragungsfunktionen zurückgeführt werden (siehe Abschn. 4.1 für den Luftschall und Abschn. 5.1 für den Trittschall). Die physikalischen Bedingungen, wie sie z. B. in der Statistischen Energieanalyse (SEA) betrachtet werden, gehen allerdings für viele Bauweisen von einem Energieaustausch zwischen benachbarten, d. h. akustisch gekoppelten Bauteilen aus. Es lässt sich zeigen, dass das Bauteilverhalten dann

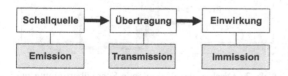

Abb. 1 Akustische Übertragungskette

nicht mehr alleine von den Bauteileigenschaften
sondern von den Umgebungsbedingungen mit
bestimmt wird. Das Bauteilverhalten wird somit
zum „Systemverhalten". Dies ist zu beachten,
wenn von den Eigenschaften der Bauteile
im eingebauten Zustand die Rede ist. Messtechnisch ist deshalb sicherzustellen, dass die
Untersuchungen in einem wohldefinierten
Umfeld stattfinden, damit die Ergebnisse aus-
sagefähig und vergleichbar sind. Von Systemverhalten kann auch dann gesprochen werden,
wenn mehrere Einzelbauteile zu einer Gesamtkonstruktion zusammengesetzt werden, sodass
sich dafür ein resultierendes Verhalten ergibt.
Dies ist beispielsweise bei zusammengesetzten
Bauteilen der Fall (z. B. einer Wand mit Fenstern und Türen oder einer Fassadenkonstruktion
aus Glasflächen, Pfosten und Riegeln).

Geht man noch einen Schritt weiter, dann
stellt sich die Frage, inwiefern das Übertragungsverhalten von Bauteilen von deren
Materialeigenschaften abhängt. Dies ist bedeut-
sam bei der Entwicklung und Optimierung
schalldämmender Konstruktionen. Methoden zur Bestimmung der akustisch relevanten
Materialeigenschaften können deshalb ebenfalls zum Repertoire der bauakustischen Messverfahren gezählt werden. Hierzu gehören
Messungen des E-Moduls, der dynamischen
Steifigkeit, des Strömungswiderstandes und des
Verlustfaktors. Auch die Messung des Schallabsorptionsgrades und der geometrischen Eigenschaften könnte man dazu rechnen, obwohl
diese meistens nicht als reine Materialeigen-
schaft darstellbar sind.

Methodisch müssen Bauteil- und Gebäudeeigenschaften, auch messtechnisch, strikt
getrennt werden, wenn nicht irreführende
Annahmen und Folgerungen provoziert werden
wollen. Dies soll am Beispiel der Luftschalldämmung erläutert werden. Soll das schalldämmende Verhalten eines einzelnen Bauteils
beschrieben werden, dann darf auch nur die
Schallübertragung über dieses Bauteil betrachtet
werden (siehe Abb. 2). Alle anderen möglichen
Übertragungswege sind auszuschließen. Dies
ist bei der Messung durch geeignete Prüfstände
sicherzustellen (siehe dazu Abschn. 4.4).

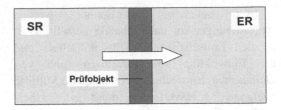

Abb. 2 Schallübertragung bei der Messung der Schalldämmung eines Trennbauteiles

SR: Senderaum, ER: Empfangsraum

Es handelt sich hier um eine Bauteileigenschaft, die die schalltechnische Leistungsfähigkeit des Produktes beschreibt, Produkte
untereinander vergleichbar macht und als
Produkteigenschaft in Berechnungs- und
Prognoseverfahren, auch für das Gesamtsystem,
verwendet werden kann.

Im Gegensatz dazu ist der Schallschutz im
Gebäude eine resultierende Eigenschaft unterschiedlicher Bauteile und Schallübertragungswege. Soll z. B. die Schalldämmung zwischen
zwei Räumen beschrieben werden, dann können die Verhältnisse nach Abb. 3 herangezogen
werden. Zur Übertragung über das trennende
Bauteil (weißer Pfeil) kommen nun weitere
Übertragungswege dazu, von denen in dieser
Abbildung diejenigen über flankierende Bauteile
(schwarze Pfeile) berücksichtigt wurden.

Die für den Luftschall aufgezeigte Unterscheidung gilt sinngemäß auch für die Trittschalldämmung. Sie ist von der harmonisierten
europäischen Normung des baulichen Schallschutzes gewollt und gefordert. Dieser methodische Ansatz zeigt sich programmatisch in
der ISO 12354 („Berechnung der akustischen

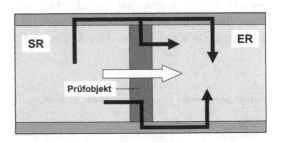

Abb. 3 Direkte und flankierende Schallübertragung bei
der Messung des Schallschutzes zwischen zwei Räumen

Eigenschaften von Gebäuden aus den Bauteileigenschaften") für die Berechnung des Schallschutzes in Gebäuden (siehe Abschn. 3.2).

SR: Senderaum, ER: Empfangsraum

2.2.3 Immission

Hier interessiert die Schalleinwirkung an einem definierten Einwirkungsort. Dabei geht es primär nicht um die Art der Schallübertragung sondern um die messtechnische Erfassung der betrachteten Einwirkungsgröße. Dies kann – der häufigste Fall – ein Luftschallpegel sein. Aber auch Körperschallgrößen (z. B. Körperschallschnelle oder -beschleunigung) können von Interesse sein. Die Notwendigkeit der messtechnischen Erfassung solcher Immissionsgrößen ergibt sich meist aus der Einhaltung der von Regelwerken oder gesetzlichen Vorgaben gestellten Anforderungen. Typische Beispiele im Bereich der Bauakustik sind:

- Luftschallpegel haustechnischer Anlagen
- Luftschallpegel von Gewerbebetrieben im selben Gebäude
- Luftschallpegel aus der Gebäudeumgebung, verursacht durch Verkehr oder Industrie
- Körperschallpegel, verursacht durch Maschinen oder technische Anlagen im selben Gebäude oder in der Nachbarschaft
- Erschütterungen, die von außen auf das Gebäude einwirken (Verkehr, Industrie)

Da Körperschallmessmethoden in [187] beschrieben werden, beschränkt sich dieser Band auf die Bestimmung von Luftschallimmissionen.

2.3 Messtechnische Größen und Kenngrößen

Für Luftschallmessungen werden die interessierenden Feldgrößen (Schalldruck und Schallschnelle in den Kap. 1.1.2 in [188] und 2.2.1 in [189]) behandelt. Angaben zu den energetisch definierten Größen (Schallleistung und

Schallintensität) finden sich in Kap. 2 in [190]. Die bei Körperschallmessungen in Betracht kommenden Größen (Körperschallschnelle und -beschleunigung, Kraft) in Kap. 2 in [187] erläutert. Dort finden sich auch Angaben zu den über Kraft und Schnelle definierten Impedanzen und Admittanzen.

Grundlage der klassischen bauakustischen Messverfahren ist die Messung des Schalldrucks. So werden alle benötigten Kenngrößen der Luftschalldämmung, aber auch der Trittschalldämmung, über Schallpegelmessungen ermittelt. Selbst bei der Kennzeichnung der strömungsakustischen Eigenschaften von Wasserarmaturen wird bei der Messung des Armaturengeräuschpegels L_{ap} nur eine Luftschallmessung durchgeführt. In neueren Verfahren werden auch Messungen der Schallintensität vorgesehen, z. B. in ISO 15186 (Teile 1 und 2) zur Bestimmung der Schalldämmung. Körperschallgrößen werden in den genormten bauakustischen Messverfahren erst neuerdings berücksichtigt, beispielsweise bei der Messung von Körperschall-Nachhallzeiten (siehe Abschn. 4.5.3), der messtechnischen Bestimmung des Stoßstellendämm-Maßes K_{ij} oder der Bestimmung der Körperschallleistung von Geräten.

Die genannten Größen werden in der Bauakustik üblicherweise als Pegelgrößen verwendet. Bezugswerte zur Pegelbildung sind in ISO 1683 festgelegt. Weitere Angaben für Pegel im Luftschallbereich finden sich in Kap. 2.1 in [189] für den Schalldruckpegel und in [190] für den Schallleistungspegel und den Schallintensitätspegel. Pegel des Körperschallbereichs für Schnelle, Beschleunigung und Kraft werden in Kap. 2 in [187] erläutert.

Mit Ausnahme einiger Materialeigenschaften werden in der Bauakustik alle Kenngrößen frequenzabhängig gemessen. Dazu wird eine Filterung in Terzbändern, gelegentlich auch in Oktavbändern, vorgenommen. In den genormten Messverfahren finden sich Regelungen, wie die Frequenzgänge dieser Kenngrößen grafisch und tabellarisch darzustellen sind. Zur Deklaration schalltechnischer Produkteigenschaften und zur Formulierung bauakustischer Anforderungen wird in der Regel allerdings nicht auf die frequenzabhängigen Angaben sondern auf sogenannte Einzahlwerte zurückgegriffen. Für die Größen der Luft- und Trittschalldämmung enthält ISO 717 in den Teilen 1 und 2 Bewertungsverfahren, die angeben, wie aus einer frequenzabhängigen Kenngröße $X(f)$ der Einzahlwert X_w gebildet wird. So ergibt sich z. B. aus den Werten des Schalldämm-Maßes R das bewertete Schalldämm-Maß R_w. Die genannten Bewertungsverfahren beruhen auf einer frequenzabhängigen Beurteilung der Messergebnisse, meistens durch Vergleich mit einer definierten Bezugskurve. Da bei den so ermittelten Einzahlangaben die Frequenzinformation verloren geht, werden in ISO 717 zusätzlich sogenannte Spektrum-Anpassungswerte für die Luft- und Trittschalldämmung definiert. Diese sollen die schalltechnische Leistungsfähigkeit der Bauteile bezüglich besonderer Anregespektren zum Ausdruck bringen.

Um kenntlich zu machen, ob eine Kenngröße eine Bauteil- oder Gebäudeeigenschaft beschreibt, wird für gebäudebezogene Größen der Beistrich verwendet. So lautet z. B. das im Prüfstand gemessene Schalldämm-Maß R und das Schalldämm-Maß im Bau (Bau-Schalldämm-Maß) R'.

3 Bauakustische Mess- und Berechnungsverfahren in der Normung

Da die bauakustische Messtechnik nahezu vollständig in genormten Messverfahren niedergelegt ist, stellen diese einen wesentlichen Bestandteil der Ausführungen dieses Kapitels dar.

3.1 Nationale und internationale Normen

Bereits seit langer Zeit existieren unterschiedliche nationale und internationale Normen zu bauakustischen Messverfahren. Das Technische Komitee ISO/TC 43/SC2 „Buidling Acoustics" der *International Organization for Standardization* (ISO) setzt sich für die Umsetzung

vieler internationaler Normen ein. Durch die europäische Normung bei CEN *(Comité Européen de Normalisation)* wurde, verankert in der Bauproduktenrichtlinie von 1989 [2] und im Grundlagendokument „Schallschutz" [3], die Grundlage für ein europäisch harmonisiertes Normenwerk in der Bauakustik geschaffen. Abgedeckt werden durch die Vorgaben des Grundlagendokumentes die folgenden Bereiche:

- Messverfahren
- Beurteilungsverfahren
- Berechnungsverfahren.

Die Anforderungen an den baulichen Schallschutz verbleiben in nationaler Hoheit. In Deutschland wird dies über die DIN 4109 geregelt.

Die genannten Bereiche stehen in direktem Zusammenhang mit den bauakustischen Messverfahren: Beurteilungsverfahren zur Feststellung einer speziellen bauakustischen Qualität setzen ein gemessenes Ergebnis voraus. Berechnungsverfahren benötigen Eingangsgrößen, die bei Bedarf durch Messungen gewonnen werden können. Schließlich müssen auch Anforderungen durch Messungen überprüfbar sein.

Da bei gleichen Normungsaufgaben die nationalen Regelwerke den europäischen Normen untergeordnet sind, wurde das in Deutschland im Rahmen der DIN 52210 (und einigen weiteren ergänzenden Normen) bestehende bauakustische Regelwerk sukzessive zurückgezogen und durch die europäischen Normen ersetzt. Diese wurden entweder direkt bei CEN als europäische Normen (EN) erarbeitet, von ISO *(International Organization for Standardization)* übernommen oder gemeinsam mit ISO erarbeitet. So trägt der überwiegende Teil dieser Normen die Bezeichnung „EN ISO". Durch Übernahme als in Deutschland geltende Norm werden diese dann zu „DIN EN ISO"-Normen.

3.2 Europäische Berechnungsverfahren für den baulichen Schallschutz

Die europäischen Berechnungsverfahren erlauben es, den Schallschutz in Gebäuden detailliert zu planen und die gestellten Anforderungen rechnerisch zu überprüfen. Sie haben sich als Bindeglied für die gesamte bauakustische Normung erwiesen. Durch die vollständige Darstellung der bauakustisch relevanten Vorgänge deklarieren sie nicht nur die für die Berechnung erforderlichen Größen, sondern formulieren erstmals in geschlossener Form auch den Bedarf für die benötigten Messverfahren. Tatsächlich sind auf der Grundlage dieser Berechnungsnormen bei CEN mehrere neue Messnormen erarbeitet worden, um bisherige Lücken in der bauakustischen Messtechnik zu schließen. Im Rahmen dieses Kapitels können die messtechnisch zu ermittelnden Größen und die dafür vorgesehenen Messverfahren dank der Berechnungsmodelle in ihren baulichen Zusammenhang gestellt werden. Eine zusammenfassende Darstellung dieser Berechnungsmodelle soll deshalb der Behandlung einzelner Messverfahren vorangestellt werden.

3.2.1 Übersicht und Methodik der ISO 12354

Die europäischen Berechnungsverfahren der ISO 12354 decken alle wesentlichen Bereiche des baulichen Schallschutzes ab:

- Luftschalldämmung zwischen Räumen (ISO 12354-1)
- Trittschalldämmung zwischen Räumen (ISO 12354-2)
- Luftschalldämmung von Außenbauteilen gegen Außenlärm (ISO 12354-3)
- Schallübertragung von Räumen ins Freie (ISO 12354-4)
- Installationsgeräusche (prISO 12354-5)
- Schallabsorption in Räumen (ISO 12354-6)

Zum Anwendungsbereich dieser Verfahren heißt es beispielsweise in ISO 12354-1:

> Die beschriebenen Berechnungsmodelle beruhen auf dem allgemeingültigsten Ansatz für Ingenieurzwecke und sind auf Messgrößen bezogen, die die Bauteileigenschaften beschreiben....

In den Berechnungsverfahren sollen die benötigten Größen also prinzipiell auch messbare Größen sein. Damit wird ein direkter und physikalisch begründbarer Zusammenhang zwischen den Größen der Berechnungs- und der Messverfahren hergestellt. Da diese Berechnungsverfahren bei der Erfassung der bauakustischen Gegebenheiten weit über den Anspruch schon vorhandener Nachweisverfahren hinausgehen, werden auch Kenngrößen für Bauteile und Übertragungssituationen benötigt, für die die entsprechenden Messverfahren erst neu geschaffen werden mussten. Die Berechnungsverfahren erweisen sich dadurch als Motor für die Erarbeitung neuer Messverfahren. Bis auf einige wenige Teilbereiche, insbesondere im Bereich der haustechnischen Anlage, sind diese Arbeiten mittlerweile abgeschlossen.

3.2.2 Luftschalldämmung zwischen Räumen nach ISO 12354-1

Ansatz des Rechenverfahrens
Im Berechnungsmodell wird die Gesamtübertragung zwischen zwei Räumen systematisch in die einzelnen Übertragungswege aufgeteilt (siehe Abb. 4). Dabei wird vorausgesetzt, dass alle Wege voneinander unabhängig sind und separat behandelt werden können und dass diffuse Schallfelder für den Luft- und Körperschall vorliegen. Hier schlagen sich die Annahmen der Statistischen Energieanalyse nieder, die diesem Modell zugrunde liegen. Die Annahme diffuser Schallfelder wird übrigens auch bei den Messverfahren eine ausschlaggebende Rolle spielen. Die Grundlagen zur Berechnung sind

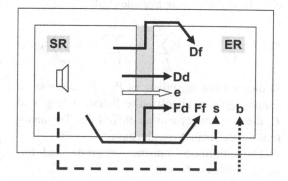

Abb. 4 Zu berücksichtigende Schallübertragungswege bei der Luftschalldämmung zwischen zwei Räumen

in der Literatur hergeleitet und beschrieben [4–6]. Alle Übertragungsmöglichkeiten werden berücksichtigt und jeder Weg wird mit dem zugehörigen Transmissionsgrad τ beschrieben.

Allgemein ist der Transmissionsgrad definiert als das Verhältnis der von einem Bauteil abgestrahlten Schallleistung P_2 zur auf das Bauteil auffallenden Schallleistung P_1:

$$\tau = \frac{P_2}{P_1} \qquad (1)$$

Aus dem Transmissionsgrad ergibt sich das Schalldämmmaß R durch

$$R = 10 \lg \frac{1}{\tau} = -10 \lg \tau \qquad (2)$$

Bei den Übertragungsmöglichkeiten wird unterschieden zwischen der direkten Übertragung über das Trennbauteil und der indirekten Übertragung über Nebenwege. Die direkte Übertragung setzt sich zusammen aus der Körperschallübertragung über das Trennbauteil (Transmissionsgrad τ_d) und der Luftschallübertragung über Elemente im Trennbauteil (Transmissionsgrad τ_e). Die Nebenwegübertragung setzt sich zusammen aus der Körperschall-Nebenwegübertragung über flankierende Bauteile (Flankenübertragung, Transmissionsgrad τ_f) und der Luftschall-Nebenwegübertragung über Systeme, z. B. Lüftungsanlagen, Unterdecken, Doppel- und Hohlraumböden, Korridore (Transmissionsgrad τ_s). Damit kann die Gesamtübertragung durch den Gesamt-Transmissionsgrad τ_{ges} beschrieben werden, der sich aus der Summe der einzelnen Transmissionsgrade ergibt:

$$\tau_{ges} = \frac{P_{ges}}{P_1} = \tau_d + \sum_{f=1}^{n} \tau_f + \sum_{e=1}^{m} \tau_e + \sum_{s=1}^{k} \tau_s \qquad (3)$$

In dieser Leistungsbilanz ist P_{ges} die gesamte im Empfangsraum abgestrahlte Schallleistung und P_1 die auf den gemeinsamen Teil des Trennbauteils auftreffende Schallleistung.

Die einzelnen Transmissionsgrade sind folgendermaßen definiert:

τ_d Verhältnis der vom gemeinsamen Teil des trennenden Bauteils abgestrahlten Schallleistung im Empfangsraum zur auf den gemeinsamen Teil des trennenden Bauteils auftreffenden Schallleistung

τ_f Verhältnis der von einem flankierenden Bauteil im Empfangsraum abgestrahlten Schallleistung zur auf den gemeinsamen Teil des trennenden Bauteils auftreffenden Schallleistung

τ_e Verhältnis der durch Luftschall-Direktübertragung von einem kleinen Element innerhalb des trennenden Bauteils abgestrahlten Schallleistung im Empfangsraum zur auf den gemeinsamen Teil des trennenden Bauteils auftreffenden Schallleistung

τ_s Verhältnis der durch Luftschall-Nebenwegübertragung über ein System im Empfangsraum abgestrahlten Schallleistung zur auf den gemeinsamen Teil des trennenden Bauteils auftreffenden Schallleistung

n Anzahl der flankierenden Bauteile

m Anzahl der Elemente mit direkter Luftschallübertragung

k Anzahl der Systeme mit Luftschall-Nebenwegübertragung

Das Bau-Schalldämm-Maß R' als Zielgröße der Berechnung wird bestimmt über

$$R' = 10 \lg \frac{1}{\tau_{ges}} = -10 \lg \tau_{ges} \qquad (4)$$

SR: Senderaum, ER: Empfangsraum, Dd: Direkter Weg über Trennbauteil, FF: Weg Flanke-Flanke, Fd: Weg Flanke-Direkt, Df: Weg Direkt-Flanke, e: Weg über Elemente im Trennbauteil, s: Weg über Systeme, b: Störgeräusche

Berücksichtigung der Körperschallübertragung Mit Bezug auf die in Abb. 4 genannten Körperschall-Übertragungswege kann die direkte Körperschallübertragung durch

$$\tau_d = \tau_{Dd} + \sum_{F=1}^{n} \tau_{Fd} \qquad (5)$$

präzisiert werden, τ_{Dd} und τ_{Fd} sind dabei die Transmissionsgrade der Wege Dd und Fd. Entsprechend gilt für die indirekte Körperschallübertragung

$$\tau_f = \tau_{Df} + \tau_{Ff} \qquad (6)$$

τ_f beschreibt die Schallabstrahlung eines flankierenden Bauteils im Empfangsraum und muss für jedes der beteiligten Flankenbauteile separat bestimmt werden. Wenn jeder Flankenweg allgemein durch das Element i, auf das der Schall im Senderaum auftrifft, und das abstrahlende Element j im Empfangsraum gekennzeichnet wird, dann kann der Transmissionsgrad für die flankierende Übertragung allgemein mit τ_{ij} bezeichnet werden. Der Zusammenhang zwischen τ_{ij} und dem Flanken-Schalldämm-Maß R_{ij} des Übertragungsweges ij ist gegeben durch

$$\tau_{ij} = 10^{-R_{ij}/10} \qquad (7)$$

Das Flanken-Schalldämm-Maß kann dargestellt werden durch

$$R_{ij} = \frac{R_i}{2} + \frac{R_j}{2} + \overline{D_{v,ij}} + 10\lg\frac{S_s}{\sqrt{S_i S_j}} \qquad (8)$$

R_i und R_j sind die Schalldämm-Maße der Bauteile im Sende- und Empfangsraum, S_i und S_j die dazugehörenden Bauteilflächen, und S_s ist die Fläche des Trennbauteils. $\overline{D_{v,ij}}$ ist die richtungsgemittelte Schnellepegeldifferenz, die über folgende Beziehung ermittelt wird:

$$\overline{D_{v,ij}} = \frac{D_{v,ij} + D_{v,ji}}{2} \qquad (9)$$

In engem Zusammenhang mit $\overline{D_{v,ij}}$ steht das Stoßstellendämm-Maß K_{ij}, das als invariante Kenngröße zur Charakterisierung der Körperschallübertragung an einer Bauteilverbindung (Stoßstelle) verwendet wird.

Die Schnellepegeldifferenzen $D_{v,ij}$ und $D_{v,ji}$ ergeben sich aus den mittleren Körperschall-Schnellepegeln der beiden an der Stoßstelle zusammentreffenden Bauteile, wobei bei zweimaliger Messung Sende- und Empfangsseite vertauscht werden. Gl. (8) besagt, dass das Flanken-Schalldämm-Maß prinzipiell durch die Direktdämmung der beteiligten Bauteile und eine Schnellepegeldifferenz an der Stoßstelle bestimmt werden kann. Es lässt sich somit aus messtechnisch bestimmbaren Größen ermitteln. Angaben zur messtechnischen Bestimmung der Schnellepegeldifferenzen finden sich in ISO 10848-1.

Berücksichtigung von Vorsatzkonstruktionen
Im Berechnungsverfahren der ISO 12354-1 können auch Vorsatzkonstruktionen, die sich verbessernd auf die Luftschalldämmung auswirken, an jedem beliebigen Bauteil des jeweils betrachteten Übertragsweges berücksichtigt werden, z. B. Vorsatzschalen, schwimmende Estriche, Unterdecken. So gilt für die Flankenwege als Erweiterung von Gl. (8)

$$\begin{aligned} R_{ij} = {} & \frac{R_i}{2} + \Delta R_i + \frac{R_j}{2} + \Delta R_j + \overline{D_{v,ij}} \\ & + 10\lg\frac{S_s}{\sqrt{S_i S_j}} \end{aligned} \qquad (10)$$

ΔR_i und ΔR_j sind hier die Luftschallverbesserungsmaße für Vorsatzkonstruktionen auf der Sende- oder Empfangsseite des Übertragungsweges. Entsprechendes gilt für die Direktübertragung über das trennende Bauteil.

Berücksichtigung der Luftschallübertragung
Für die direkte Luftschallübertragung ergibt sich mit der Norm-Schallpegeldifferenz für Elemente

$$D_{n,e} = L_1 - L_2 + 10\lg\frac{A_0}{A} \qquad (11)$$

der Transmissionsgrad

$$\tau_e = \frac{A_0}{S_s} 10^{-D_{n,e}/10} \qquad (12)$$

Entsprechend ergibt sich für die indirekte Luftschallübertragung mit der Norm-Schallpegeldifferenz für Systeme

$$D_{n,s} = L_1 - L_2 + 10\lg\frac{A_0}{A} \qquad (13)$$

der Transmissionsgrad

$$\tau_s = \frac{A_0}{S_s} 10^{-D_{n,s}/10} \qquad (14)$$

Umrechnung auf situationsbezogene Bedingungen
Im EN-Rechenmodell wird berücksichtigt, dass sich aufgrund unterschiedlicher

Einbaubedingungen die akustischen Kenngrößen eines Bauteils zwischen Prüfstands- und Bausituation unterscheiden können. Dies gilt insbesondere für die Luftschall- und Stoßstellendämmung. Deshalb werden die Prüfstandswerte zuerst in sogenannte In-situ-Werte (unter Baubedingungen) umgerechnet, bevor sie als Eingangsgrößen im Rechenmodell verwendet werden. Die Größen in den Berechnungsgleichungen sind deshalb an die In-situ-Bedingungen anzupassen, bevor sie in der Leistungsbilanz von Gl. (3) eingesetzt werden. Die vorzunehmende In-situ-Anpassung geht davon aus, dass sich unterschiedliche Einbaubedingungen durch den Gesamt-Verlustfaktor eines Bauteil beschreiben lassen, der Verluste durch Materialdämpfung, Luftschallabstrahlung und insbesondere Energieableitung an den Bauteilrändern erfasst. Grundlagen zu dieser In-situ-Anpassung sind in der Literatur [6] beschrieben. Die messtechnischen Konsequenzen werden in Abschn. 4.3.2 („Einfluss des Verlustfaktors") behandelt.

Benötigte Kenngrößen und Messverfahren für die Luftschalldämmung
Grundsätzlich geht die ISO 12354 davon aus, dass alle zur Berechnung benötigten Größen auch durch Messungen bestimmt werden können. Daraus ergibt sich der Bedarf für folgende (Labor)-Messverfahren:

- Messung der Direktdämmung R von Bauteilen (siehe Abschn. 4)
- Messung der Flankenschalldämmung R_{ij} von Bauteilen und Bauteilkombinationen
- Messung der Schnellepegeldifferenz $\overline{D_{v,ij}}$ an Bauteilverbindungen (Stoßstellen) und Bestimmung des Stoßstellendämm-Maßes K_{ij}
- Messung des Gesamtverlustfaktors (siehe Abschn. 4.5.3)
- Messung der Luftschallverbesserungsmaße ΔR (siehe Abschn. 4.6.3)
- Messung der Norm-Schallpegeldifferenz für Elemente $D_{n,e}$ (siehe Abschn. 4.6.2)
- Messung der Norm-Schallpegeldifferenz für Systeme $D_{n,s}$ (siehe Abschn. 4.6.2 und 4.9)

Für die Überprüfung der erreichten Luftschalldämmung (Bau-Schalldämm-Maß R') bzw. des erreichten Luftschallschutzes im ausgeführten Gebäude im Rahmen von Güteprüfungen sind zusätzliche Messverfahren festzulegen (siehe hierzu Abschn. 4.7).

3.2.3 Trittschalldämmung zwischen Räumen nach ISO 12354-2

Die Berechnung der Trittschalldämmung folgt dem schon bekannten Prinzip, dass die Gesamtübertragung aus den Anteilen der einzelnen Übertragungswege zusammengesetzt wird. Für den Gesamt-Trittschallpegel L'_n gilt deshalb (für übereinander liegende Räume)

$$L'_n = 10 \lg \left(10^{L_{n,d}/10} + 10^{L_{n,ij}/10} \right) \quad (15)$$

wobei mit $L_{n,d}$ der Norm-Trittschallpegel für die direkte Übertragung des Trittschalls über die Trenndecke und mit $L_{n,ij}$ die Norm-Trittschallpegel für die Übertragung über n flankierende Wände gemeint sind. Für nebeneinander liegende Räume entfällt in Gl. (15) bei der Berechnung der erste Summand. Unter Berücksichtigung der Trittschallminderung durch Deckenauflagen und Vorsatzkonstruktionen kann für die Direktübertragung

$$L_{n,d} = L_n - \Delta L - \Delta L_d \quad \text{dB} \quad (16)$$

und für die Flankenübertragung

$$L_{n,ij} = L_n - \Delta L + \frac{R_i - R_j}{2} \\ - \Delta R_j - \overline{D_{v,ij}} - 10 \lg \sqrt{\frac{S_i}{S_j}} \quad (17)$$

gesetzt werden. Die benötigten Größen sind:

L_n Norm-Trittschallpegel der Decke
ΔL Trittschallminderung durch die Deckenauflage
ΔL_d Trittschallminderung durch Vorsatzkonstruktionen auf der Empfangsraumseite des trennenden Bauteils i (Decke)
R_i Schalldämm-Maß des angeregten Bauteils (Decke)

R_j Schalldämm-Maß für Direktübertragung durch das flankierende Bauteil j im Empfangsraum

ΔR_j Luftschallverbesserungsmaß durch Vorsatzschalen des flankierenden Bauteils j im Empfangsraum

$\overline{D_{v,ij}}$ richtungsgemittelte Schnellepegeldifferenz

S_i Fläche des trennenden Bauteils (Decke)

S_j Fläche des flankierenden Bauteils j im Empfangsraum

Auch hier ist wie bei der Berechnung der Luftschallübertragung über die Gesamtverlustfaktoren eine In-situ-Korrektur für die betreffenden Kenngrößen durchzuführen.

Ein vereinfachtes Berechnungsverfahren auf der Basis von Einzahlwerten sieht anknüpfend an den Nachweis der DIN 4109 für homogene Decken folgendes Vorgehen vor:

$$L'_{n,w} = L_{n,eq,0,w} - \Delta L_w + K \quad \text{dB} \quad (18)$$

Der bewertete Norm-Trittschallpegel berechnet sich hier aus dem äquivalenten bewerteten Norm-Trittschallpegel $L_{n,eq,0,w}$ und der bewerteten Trittschallminderung ΔL_w sowie einem Korrekturfaktor K zur Berücksichtigung der flankierenden Trittschallübertragung.

Aus den Berechnungsansätzen ergibt sich zusätzlich zu den schon genannten Verfahren folgender Bedarf für die messtechnische Ermittlung von Kenngrößen:

- Messung des Norm-Trittschallpegels L_n einer Deckenkonstruktion (siehe Abschn. 5.1)
- Messung der Trittschallminderungen ΔL und ΔL_d (siehe Abschn. 5.8)
- Bestimmung des äquivalenten Norm-Trittschallpegels $L_{n,eq,0,w}$ einer Rohdecke (siehe Abschn. 5.4.4)
- Messung von L'_n im Rahmen von Güteprüfungen in Gebäuden.

3.2.4 Luftschalldämmung gegen Außenlärm nach ISO 12354-3

Die Luftschallübertragung von außen in das Gebäudeinnere erfolgt in erster Linie direkt über die Außenbauteile. Gegebenenfalls können zusätzlich noch flankierende Bauteile berücksichtigt werden, falls sie erkennbar an der Übertragung des Außenlärms beteiligt sind. Damit ergibt sich für die Gesamtübertragung das Bau-Schalldämm-Maß der Fassade durch

$$R' = -10 \lg \left(\sum_{i=1}^{n} \tau_{e,i} + \sum_{f=1}^{m} \tau_f \right) \quad \text{dB} \quad (19)$$

Dabei werden mit $\tau_{e,i}$ die Transmissionsgrade für die Direktübertragung der einzelnen Fassadenbauteile (z. B. Wand, Fenster, Türen, Lüftungseinrichtungen) und mit τ_f die Transmissionsgrade für die flankierenden Übertragungswege beschrieben. Für zusammengesetzte Bauteile, die aus mehreren einzelnen Elementen unterschiedlicher Schalldämmung bestehen, kann deren Teil-Transmissionsgrad τ_e wie folgt bestimmt werden:

$$\tau_e = \sum_{j=1}^{n} \frac{S_j}{S} 10^{R_j/10} + \frac{l_0}{S} \sum_{k=1}^{m} l_{s,k} 10^{R_{s,k}/10} \quad (20)$$

Dabei ist

R_j das Schalldämm-Maß des Teiles j des Bauteils [dB]

S die Fläche des Bauteils [m²]

S_j die Fläche des Teiles j des Bauteils [m²]

$R_{s,k}$ das Schalldämm-Maß je Längeneinheit des Schlitzes oder der Fuge k mit Dichtung [dB]

$l_{s,k}$ die Länge des Schlitzes oder der Fuge k mit Dichtung [m], mit $l_0 = 1$ m als Bezugslänge;

n die Anzahl des aus einzelnen Teilen bestehenden Bauteils

m die Anzahl der Schlitze oder Fugen, einschließlich Dichtung zwischen den einzelnen Teilen

Als Besonderheit wird hier die Schalldämmung von Fugen und Schlitzen (ggf. mit entsprechenden Dichtungen) mit einer eigenen Kenngröße $R_{s,k}$ berücksichtigt. Abgesehen von $R_{s,k}$ wurden alle für die Berechnung benötigten Kenngrößen bereits zuvor in Abschn. 3.2.2 deklariert, sodass auf die dort bereits genannten Messverfahren zurückgegriffen werden kann.

Für die Überprüfungen der Schalldämmung von Außenbauteilen im eingebauten Zustand (Güteprüfung am Bau) sind zusätzliche Messverfahren zu definieren, die den besonderen Bedingungen des gerichteten Schalleinfalls Rechnung tragen (siehe hierzu Abschn. 4.7.4).

3.2.5 Schallübertragung von Räumen ins Freie nach ISO 12354-4

Aus lauten Räumen eines Gebäudes (z. B. Räumen für die Unterbringung zentraler haustechnischer Anlagen, Gewerberäumen) kann über die Gebäudehülle Schall in die Umgebung abgestrahlt werden. Das Berechnungsverfahren der ISO 12354-4 beschreibt, wie bei bekanntem Innenschallfeld die Schallleistung der abstrahlenden Elemente der Gebäudehülle bestimmt werden kann, aus der dann über eine Ausbreitungsrechnung der Immissionspegel an einem bestimmten Einwirkungsort berechnet wird. Aus bauakustischer Sicht steht die Gebäudehülle im Vordergrund, die sich aus einzelnen abstrahlenden Segmenten zusammensetzt. Die Schallleistung L_w eines solchen Segmentes kann aus dessen Schalldämm-Maß R', dessen Fläche S und dem Innenschalldruckpegel $L_{p,in}$ über

$$L_w = L_{p,\text{in}} + C_d - R' + 10\lg\frac{S}{S_0} \quad (21)$$

bestimmt werden. Dabei ist C_d der sogenannte Diffusitätsterm, der die Eigenschaften des anregenden Schallfeldes beschreibt, und S_0 ist eine Bezugsfläche von 1 m^2.

Bauakustisch interessiert lediglich die Schalldämmung R' des Segments. Dieses kann aus m verschiedenen flächenhaften Bauteilen der Fläche S_i mit den Schalldämm-Maßen R_i und n einzelnen Elementen (kleine Bauteile wie Lüfter etc.) mit den Norm-Schallpegeldifferenzen $D_{n,e,i}$ bestehen. Für R' ergibt sich damit und mit $A_0 = 10$ m^2 als Bezugswert für die äquivalente Absorptionsfläche

$$R' = -10\lg\left[\sum_{i=1}^{m}\frac{S_i}{S}10^{-R_i/10} + \sum_{i=m+1}^{m+n}\frac{A_0}{S}10^{-D_{n,e,i}/10}\right]$$

$$(22)$$

Die messtechnisch relevanten Größen sind die Schalldämm-Maße und Norm-Schallpegeldifferenzen der einzelnen Bauteile.

3.2.6 Geräusche haustechnischer Anlagen nach ISO 12354-5

Dieser Teil der ISO 12354 behandelt Geräusche, die von haustechnischen Anlagen in Gebäuden verursacht werden. Dazu gehören u. a. Anlagen der Heizungs-, Lüftungs- und Klimatechnik, der Wasserinstallation und Aufzugsanlagen.

Zu berücksichtigen sind folgende Übertragungsmöglichkeiten:

- Übertragung des von Anlagen abgestrahlten Luftschalls
- Übertragung von Luftschall in Rohren und Kanalsystemen
- Übertragung von Körperschall, der von den Anlagen in den Baukörper eingeleitet wird.

Für die Luftschallabstrahlung der Schallquellen stehen aus dem technischen Schallschutz diverse Verfahren zur messtechnischen Bestimmung der Schallleistung zur Verfügung, sodass aus Sicht der bauakustischen Messtechnik dafür kein Handlungsbedarf besteht. Für die Berechnung der Luftschallausbreitung im Gebäude kann nach die Norm-Schallpegeldifferenz zwischen zwei (beliebigen) Räumen herangezogen werden. Diese muss auch messtechnisch bestimmt werden können.

Komplexer gestaltet sich die Berechnung der Luftschallübertragung in Rohren und Kanälen. Hierfür existieren umfangreiche Regelwerke (z. B. VDI 2081 [7]), auf die sich die ISO 12354-5 bezieht. Die Bestimmung des Schallleistungspegels der Schallquellen (z. B. Ventilatoren) und des Überragungsverhaltens von Elementen des Kanalsystems (z. B. Schalldämpfer, Bögen, Verbindungsstücke) ist durch genormte Messverfahren geregelt, z. B. [8–12], sodass hier für die bauakustische Messtechnik ebenfalls kein Handlungsbedarf besteht.

Neuland wird für die Bauakustik bei der Berechnung der Körperschallübertragung betreten. Problematisch sind dabei die Charakterisierung der Körperschallerzeugung einer

Anlage und die Körperschalleinleitung in die angekoppelte Struktur. Das hier zugrunde gelegte Konzept von charakteristischer Körperschallleistung und Kopplungsfunktion geht auf [13] zurück. Als kennzeichnende Größe zur Beschreibung der Körperschallerzeugung wird die sogenannte charakteristische Körperschallleistung definiert. Diese kann aus der freien Schnelle an den Kontaktpunkten der Quelle zum Baukörper und aus der Admittanz der Quelle bestimmt werden. Hier weist die ISO 12354-5 ausdrücklich darauf hin, dass aus diesem Konzept heraus geeignete Messverfahren zu entwickeln sind.

Ausgehend von der charakteristischen Körperschallleistung erfolgt in ISO 12354-5 eine Umrechnung in die sogenannte installierte Leistung. Das ist die tatsächlich interessierende Emissionsgröße der Körperschallquelle. Dabei wird berücksichtigt, dass die in eine Struktur eingeleitete Körperschallleistung nicht nur von der Quelle, sondern auch von der angeregten Struktur abhängt. Ausschlaggebend für die Leistungsübertragung ist das Verhältnis von Quell- und Strukturadmittanz. Im Rechenverfahren wird das durch den sogenannten Kopplungsterm berücksichtigt. Die sich daraus ergebende messtechnische Aufgabe besteht in der Ermittlung der benötigten Admittanzen. Dies ist keine spezifische Fragestellung der bauakustischen Messtechnik. Hinweise zur Messung von Admittanzen bzw. Impedanzen finden sich in den Kap. 4.3 und 4.4 in [187].

Wenn die in den Baukörper eingeleitete Körperschallleistung bekannt ist, kann die Körperschallausbreitung im Gebäude mit den aus ISO 12354-1 und ISO 12354-2 bekannten Methoden erfolgen. Die messtechnische Aufgabe besteht darin, die Körperschallübertragungswege zu charakterisieren, am besten durch geeignete Übertragungsfunktionen.

Im Rahmen der Überprüfung von Anforderungen stellt sich messtechnisch noch die Aufgabe, die Immissionspegel der Anlagen in schutzbedürftigen Räumen zu ermitteln. Dafür werden geeignete Messverfahren benötigt.

4 Messung der Luftschalldämmung und Luftschallübertragung

4.1 Grundprinzip der Schalldämmungsmessung

Ausgangspunkt ist die Definition der Schalldämmung über eine Leistungsbetrachtung. Im Sinne einer Übertragungsfunktion beschreibt der Transmissionsgrad τ nach Gl. (1) das Verhältnis der durchgelassenen (abgestrahlten) Schallleistung P_2 zur auf das Bauteil auffallenden Schallleistung P_1. Daraus ergibt sich die Definition des Schalldämm-Maßes R als

$$R = 10 \lg \frac{1}{\tau} = 10 \lg \frac{P_1}{P_2} \quad \text{mit} \quad R \geq 0 \quad (23)$$

Die Schalldämmung kann also nicht direkt gemessen werden, sondern setzt eine Bestimmung der Schallleistungen P_1 und P_2 voraus. Denkbar wäre z. B. die gesuchten Leistungen aus den Intensitäten und Flächen zu bestimmen, die vor dem Bauteil für die Anregung verantwortlich bzw. hinter dem Bauteil bei der Abstrahlung wirksam sind. Ausführungen zur Intensitätsmessung finden sich in Kap. 5.7 (siehe im Band „Messung der Schallleistung"). Verfahren, wie über Intensitätsmessungen die Schalldämmung bestimmt werden kann, werden in ISO 15186-1 und ISO 15186-2 beschrieben.

Ein anderer Ansatz führt zum Zweiraumverfahren, das bereits dem Umstand Rechnung trägt, dass das betrachtete Bauteil häufig als Trennbauteil zwischen zwei Räumen fungiert (siehe Abb. 5).

Das Grundprinzip besteht darin, dass im Senderaum ein diffuses Schallfeld erzeugt wird, mit welchem das Trennbauteil angeregt wird.

In der Bauakustik werden weitgehend diffuse Schallfelder vorausgesetzt. Als diffus wird ein Schallfeld bezeichnet, wenn die Schallenergie sich aufgrund vielfacher Reflexionen gleichmäßig im Raum verteilt und damit die Schallenergiedichte an jedem Punkt im Raum gleich groß ist. Im diffusen Schallfeld werden alle

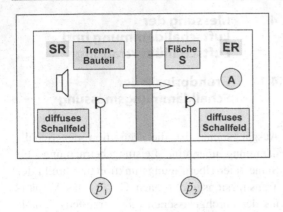

Abb. 5 Grundprinzip der Schalldämmungsmessung nach dem Zweiraumverfahren

Raumflächen gleichstark durch Schall bestrahlt. Voraussetzungen sind ausreichend reflektierende Raumberandungen, die dazu führen, dass sich der Schall im Mittel in allen Richtungen mit der gleichen Wahrscheinlichkeit ausbreitet. Im Diffusfeld müssen ausreichend viele Eigenmoden des Raumes im betrachteten Frequenzband angeregt werden können. Diese idealisierenden Annahmen für diffuse Schallfelder werden in der Praxis oft nicht ausreichend erfüllt.

Für bauakustische Messungen wird zur Anregung des Schallfeldes üblicherweise ein von Lautsprechern abgestrahltes Signal verwendet. In bestimmten Fällen sind aber auch andere Quellen denkbar, z. B. das von außen auf ein Gebäude einwirkende Verkehrsgeräusch, wenn die Schalldämmung eines Außenbauteils bestimmt werden soll (siehe hierzu Abschn. 4.7.4). Wenn nun die Effektivwerte der Schalldrücke $\tilde{p}_1$ und $\tilde{p}_2$ im Sende- und Empfangsraum bzw. deren Schalldruckpegel L_1 und L_2 gemessen werden, dann wäre eine Charakterisierung der über das Bauteil stattfindenden Schallübertragung bereits über das Verhältnis der Schalldruckquadrate $\tilde{p}_1^2/\tilde{p}_2^2$ bzw. durch die Schallpegeldifferenz

$\tilde{p}_1$ und $\tilde{p}_2$- Schalldrücke im Sende- (SR) und Empfangsraum (ER), S: Fläche des Trennbauteils, A: äquivalente Absorptionsfläche im Empfangsraum

$$D = L_1 - L_2 \quad \text{dB} \quad (24)$$

denkbar. Dabei wird aber nicht berücksichtigt, dass der Schalldruck(pegel) im Empfangsraum von der Größe der übertragenden Bauteilfläche und der absorbierenden Ausstattung des Empfangsraumes abhängt. Auch wird stillschweigend vorausgesetzt, dass in beiden Räumen ideale Diffusfelder vorliegen, sodass die Schalldrücke im Sende- oder Empfangsraum ortsunabhängig überall denselben Wert haben. Da diese Annahme unter realen Gegebenheiten nicht vollständig zu erfüllen ist, müssen messtechnische Vorkehrungen getroffen werden, die ein plausibles Messergebnis sicherstellen (siehe Abschn. 4.5.1, *„Maßnahmen zur Minimierung nicht ideal diffuser Schallfelder"*).

Zuerst allerdings soll die Gültigkeit des Diffusfeldansatzes weiter vorausgesetzt werden. Wie z. B. in [14] gezeigt wird, ist die auf das trennende Bauteil mit der Fläche S auftreffende Schallleistung

$$P_1 = \frac{\tilde{p}_1^2 S}{4_{\rho_0 c_0}} \quad (25)$$

wobei $p_0 c_0$ die Schallkennimpedanz ist, p die Dichte der Luft ist und c die Ausbreitungsgeschwindigkeit in Luft ist. Die in den Empfangsraum vom trennenden Bauteil übertragene Schallleistung lässt sich dadurch bestimmen, dass stationäre Verhältnisse für die Übertragung gelten. Dann kann angenommen werden, dass gerade soviel Schallleistung in den Raum übertragen wird, wie durch Verluste im Raum ständig verloren geht. Die Verlusteigenschaften des Raumes werden über die äquivalente Absorptionsfläche A beschrieben. A ist eine gedachte, vollständig absorbierende Fläche ($\alpha = 1$), die in einem Raum zu denselben Verlusten führt wie die tatsächlich vorhandenen absorbierenden Flächen und Gegenstände mit ihrer tatsächlichen Absorption.

Im Diffusfeld gilt dann für die über das Trennbauteil abgestrahlte Schallleistung durch Gleichsetzung mit der absorbierten Leistung

$$P_2 = \frac{\tilde{p}_2^2 A}{4_{\rho_0 c_0}} \quad (26)$$

Für den Transmissionsgrad ergibt sich dann mit Gl. (1)

$$\tau = \frac{P_2}{P_1} = \frac{\tilde{p}_2^2}{\tilde{p}_1^2} \frac{A}{S} \qquad (27)$$

und für das Schalldämm-Maß mit Gl. (23)

$$R = 10 \lg \frac{\tilde{p}_1^2}{\tilde{p}_2^2} + 10 \lg \frac{S}{A} \qquad (28)$$

In Pegelschreibweise wird daraus mit

$$R = L_1 - L_2 + 10 \lg \frac{S}{A} \text{ dB} \qquad (29)$$

die bekannte Formel zur Bestimmung des Schalldämm-Maßes, die fälschlicherweise oft als Definition des Schalldämm-Maßes bezeichnet wird, tatsächlich aber die Messvorschrift unter (idealen) Diffusfeldbedingungen wiedergibt.

Die zu bestimmenden akustischen Größen sind die Schallpegel L_1 im Senderaum und L_2 im Empfangsraum sowie die äquivalente Absorptionsfläche A. L_1 und L_2 sind als die Pegel der örtlich gemittelten Schalldruckquadrate zu verstehen, worauf in Abschn. 4.5.1 (*„Abtastung des Schallfeldes – Messung des mittleren Schalldruckpegels im Raum"*) detailliert eingegangen wird. A kann durch Messung der Nachhallzeit T bestimmt werden. Die Nachhallzeit ist definiert als diejenige Zeit, in der die Energiedichte im Schallfeld nach dem Abschalten der Quelle auf den millionsten Teil des Anfangswertes bzw. der Schalldruckpegel um 60 dB abgefallen ist (näheres siehe Kap. A.1).

Über die Sabinesche Formel gilt dann:

$$A = 0,16 \frac{V}{T} \qquad (30)$$

Dabei sind

A äquivalente Schallabsorptionsfläche [m^2]
V Volumen des Empfangsraumes [m^3]
T Nachhallzeit im Empfangsraum [s]

Das anzuwendende Messverfahren zur Bestimmung von T nach ISO 354 und weitere Verfahren nach ISO 3382 werden in Abschn. 4.5.2 beschrieben.

Aufgrund der Frequenzabhängigkeit von R und A sind alle akustischen Messgrößen in Abhängigkeit von der Frequenz zu erfassen. Die messtechnische Umsetzung von Gl. (29) findet sich für Laborbedingungen in ISO 16283-1 und für Baubedingungen in ISO 10140-2.

4.2   Kennzeichnende Größen zur Beschreibung der Schalldämmung und des Schallschutzes

4.2.1 Definition und Anwendung der Kenngrößen

Der Definition des Transmissionsgrades in Gl. (1) und des Schalldämm-Maßes in Gl. (23) wurde eine ausschließliche Schallübertragung über das betrachtete Bauteil zugrunde gelegt. Dies kann in Prüfständen durch geeignete Maßnahmen in ausreichender Weise sichergestellt werden (siehe hierzu Abschn. 4.4). Falls die Schalldämmung im Gebäude ermittelt werden soll, kann dies allerdings nicht mehr garantiert werden. Es muss mit Nebenwegübertragung gerechnet werden (siehe hierzu Abschn. 3.2.2). Die gesamte in den Empfangsraum übertragene Schallleistung P_{ges} setzt sich nach Gl. (3) aus der über das Trennbauteil übertragenen Schallleistung sowie der auf anderen Wegen in den Raum gelangten Schallleistung zusammen (siehe Abb. 4). Dafür kann analog zu Gl. (1) nach Gl. (3) ein Gesamt-Transmissionsgrad $\tau_{\text{ges}} = P_{\text{ges}}/P_1$ definiert werden, bei dem die gesamte übertragene Schallleistung ebenfalls auf die auf das trennende Bauteil auftreffende Schallleistung bezogen wird. Bei diesem Ansatz wird bereits gedanklich vorweggenommen, dass man sich die Gesamtübertragung unabhängig von den tatsächlichen Übertragungswegen über das trennende Bauteil vorstellt. Dieser Ansatz wird noch deutlicher, wenn in Analogie zu den Gl. (23) und (29) das Schalldämm-Maß im Gebäude mit

$$R' = 10 \lg \frac{1}{\tau_{ges}} = 10 \lg \frac{P_1}{P_{ges}} \qquad (31)$$

und

$$R' = L_1 - L_2 + 10 \lg \frac{S}{A} \quad \text{dB} \quad (32)$$

bestimmt wird. Zur Unterscheidung von der Ausgangssituation wird das Schalldämm-Maß nun mit R' bezeichnet und Bau-Schalldämm-Maß genannt. Der Apostroph weist darauf hin, dass das Schalldämm-Maß auch durch Nebenwegübertragung beeinflusst sein kann. Es bleibt aber bei derselben Formulierung für die messtechnische Umsetzung und damit auch beim Bezug auf die Fläche S des Trennbauteils. Man tut so, als ob die gesamte Leistung über das Trennbauteil übertragen wurde und ignoriert die tatsächlichen Übertragungsverhältnisse. R' wird in der Regel größer sein als R. Der Unterschied zwischen R und R' ist dann der Anteil der Nebenwegübertragung, der zur reinen Übertragung über das Trennbauteil hinzukommt.

Der Bezug auf die Trennfläche S ist aus physikalischer Sicht willkürlich, bietet aber bei der Berechnung der resultierenden Schalldämmung im Gebäude gewisse Vorteile. Will man diese „Inkonsequenz" vermeiden, kann alternativ – ohne Bezug auf die Trennfläche – auf Schallpegeldifferenzen zurückgegriffen werden. Unabhängig von der Herleitung können ja die Gl. 29 und 32 aus praktischer Sicht als eine Schallpegeldifferenz $D = L_1 - L_2$ verstanden werden, die mit einem Korrekturglied 10 lg S/A versehen wird. Diese „Korrektur" hat die Aufgabe, situationsbedingte Umstände der Messung zu berücksichtigen. Wenn nun dieses Korrekturglied nicht mehr zwangsläufig aus den physikalischen Voraussetzungen des Verfahrens abgeleitet wird, kann eine „Korrektur" der situationsbedingten Messumstände auch anderweitig erfolgen. Hierfür sind Korrekturen hinsichtlich der Nachhallzeit oder der äquivalenten Absorptionsfläche im Empfangsraum üblich. Man erhält so die Norm-Schallpegeldifferenz

$$D_n = D - 10 \lg \frac{A}{A_0} = L_1 - L_2 - 10 \lg \frac{A}{A_0} \quad \text{dB} \quad (33)$$

und die Standard-Schallpegeldifferenz

$$D_{nT} = D + 10 \lg \frac{T}{T_0} = L_1 - L_2 + 10 \lg \frac{T}{T_0} \quad \text{dB} \quad (34)$$

Dabei ist:

D die Schallpegeldifferenz in dB

A die äquivalente Schallabsorptionsfläche des Empfangsraumes in m^2

A_0 die Bezugs-Absorptionsfläche in m^2 (für Räume in Wohngebäuden oder Räume vergleichbarer Größe gilt $A_0 = 10 \, m^2$).

T die Nachhallzeit im Empfangsraum in s

T_0 die Bezugs-Nachhallzeit (für Wohnräume gilt $T_0 = 0,5$ s)

Die Normierung der Schallpegeldifferenz auf eine Nachhallzeit von 0,5 s berücksichtigt die Erfahrung, dass üblicherweise in möblierten Wohnräumen nahezu volumen- und frequenzunabhängig eine Nachhallzeit von etwa 0,5 s vorliegt [15].

Da diesen drei Kenngrößen dieselben akustischen Messgrößen zugrunde liegen, können sie ohne weiteres in einander umgerechnet werden:

$$D_{nT} = R' + 10 \lg \left(\frac{0,32 \, V}{S} \right) \quad (35)$$

$$D_{nT} = D_n + 10 \lg \left(\frac{V}{31,25} \right) \quad (36)$$

$$D_n = R - 10 \lg \left(\frac{S}{A_0} \right) \quad (37)$$

Da D_{nT} nur in Gebäuden gemessen wird, gelten die beiden ersten Umrechnungen nur für Gebäudemessungen (deshalb R'). Die dritte Umrechnung kann für Messungen in Prüfständen oder Gebäuden herangezogen werden. Deshalb kann hier statt R auch R' gesetzt werden. Vorteilhaft bei der praktischen Messung und Auswertung von D_{nT} ist, dass nicht das Raumvolumen benötigt wird, da die Nachhallzeit T im Gegensatz zur Absorptionsfläche A direkt gemessen werden kann. Unsicherheiten, die bei der Bestimmung des maßgeblichen Raumvolumens z. B. bei gekoppelten Räumen oder offenen Grundrissen entstehen können [17], werden damit eliminiert.

Bei Messungen in Gebäuden kommt es immer wieder vor, dass die Schallübertragung zwischen nicht unmittelbar aneinander grenzenden Räumen erfasst werden soll. Da es in diesem Fall keine gemeinsame Trennfläche gibt, wäre hier die Angabe eines Schalldämm-Maßes ohne jegliche praktische Bedeutung. In solchen Fällen ist die Verwendung der Norm- oder Standard-Schallpegeldifferenz üblich. Welche der beiden Größen zu verwenden ist, hängt von den geltenden Anforderungen ab. Im Rahmen der DIN 4109 ist dies die (bewertete) Norm-Schallpegeldifferenz D_n. Zu beachten ist bei beiden Kenngrößen, dass die Voraussetzung diffuser Schallfelder durch die „Uminterpretation" der Messgleichung (Gl. 32) nicht ausgehebelt wird. Entsprechende Ausführungen in Abschn. 4.5.1 „Maßnahmen zur Minimierung von Einflüssen nicht ideal diffuser Schallfelder" zur Messung des Schalldämm-Maßes in Schallfeldern mit ungenügenden Diffusfeldeigenschaften haben deshalb auch für diese Kenngrößen volle Gültigkeit.

Wegen seiner leistungsbezogenen Definition kann gezeigt werden, dass die Reziprozität auch für R zutrifft, wenn die Voraussetzung diffuser Schallfelder in beiden Messräumen erfüllt ist. Das Schalldämm-Maß ist deshalb von der Messrichtung unabhängig. Dies gilt auch für das Bau-Schalldämm-Maß. Auf D_{nT} trifft das allerdings nicht mehr zu. Wenn in Gl. (35) R' als reziproke und richtungsunabhängige Größe in D_{nT} umgerechnet wird, muss dabei das Volumen des Empfangsraumes berücksichtigt werden. Bei unterschiedlich großen Räumen führt dies bei unterschiedlichen Messrichtungen zu unterschiedlichen Ergebnissen. Der größere Raum erhält den höheren Wert.

Zusammenfassend gilt: R ist als Messgröße ausschließlich in Prüfständen mit unterdrückter Nebenwegübertragung zu ermitteln und beschreibt als Produkteigenschaft die Leistungsfähigkeit eines schalldämmenden Bauteils. R' wird nur in Gebäuden gemessen

(Bau-Schalldämm-Maß!) und beschreibt die resultierende Schalldämmung unter Berücksichtigung aller Nebenwege. D_n wird im Labor für die Kennzeichnung der Schallübertragung einzelner Elemente und kleiner Bauteile verwendet (siehe Abschn. 4.6.2), ansonsten aber für Gebäudemessungen. D_{nT} wird ausschließlich in Gebäuden verwendet und beschreibt den Schallschutz zwischen zwei Räumen.

4.2.2 Frequenzabhängigkeit der Kenngrößen

Alle zuvor beschriebenen Größen zur Kennzeichnung der Schalldämmung und des Schallschutzes weisen eine mehr oder weniger ausgeprägte Frequenzabhängigkeit auf. Die Messungen zu ihrer Ermittlung müssen deshalb in einem „interessierenden" Frequenzbereich durchgeführt werden. Als Messfrequenzbereich wird in den bauakustischen Normen für Messungen in Prüfständen der Bereich von 100 bis 5000 Hz und für Messungen in Gebäuden der Bereich von 100 bis 3150 Hz vorgegeben. Diese Vorgaben sind als Mindestumfang des Frequenzbereichs zu verstehen und beziehen sich auf Messungen mit Terzfiltern. Messungen mit Oktavfiltern sind in Deutschland für Güteprüfungen nach DIN 4109 allerdings nicht vorgesehen. Für Baumessungen wird empfohlen, den vorgegebenen Bereich um Terzbänder mit den Mittenfrequenzen 4000 Hz und 5000 Hz nach oben zu erweitern. Falls Angaben zu tieferen Frequenzen benötigt werden, kann zusätzlich mit Terzfiltern der Mittenfrequenzen 50 Hz, 63 Hz und 80 Hz gemessen werden. Für Baumessungen in kleinen Räumen ($V < 25$ m^3) sind nach ISO 16283-1 auch tieffrequente Messungen mit einem Oktavfilter bei 63 Hz möglich. Über 5000 Hz hinausgehende Messungen sind nicht erforderlich, da aufgrund der spektralen Zusammensetzung üblicher Geräusche und der zunehmenden Schalldämmung zu hohen Frequenzen hin dort keine wesentlichen Störungen mehr zu erwarten sind. Hingegen ist bekannt, dass auch unterhalb von 100 Hz wesentliche Störungen durch tieffrequenten Schall auftreten können. Es ist deshalb in vielen Fällen wünschenswert, das schalldämmende Verhalten auch unterhalb von 100 Hz zu kennen. Bei tiefen Frequenzen sind allerdings die dort herrschenden Einschränkungen der Messgenauigkeit (siehe Abschn. 4.3.2 *„Modale Effekte bei der Messung der Schalldämmung"*) und die dafür vorgesehenen Hinweise zur Messdurchführung zu berücksichtigen. Gegebenenfalls sind die speziell für tiefe Frequenzen vorgesehenen Messverfahren anzuwenden (siehe Abschn. 4.7.1 *„Messungen der Schalldämmung bei tiefen Frequenzen"*).

Falls in Einzelfällen eine Darstellung der Ergebnisse im Oktav- statt im Terzpektrum erfolgen soll, werden jeweils drei Terzbänder zum entsprechenden Oktavband zusammengefasst. Dafür gilt

$$R_{oct} = -10\lg\left(\sum_{n=1}^{3}\frac{10^{-R_{1/3oct,n}/10}}{3}\right) \quad dB \quad (38)$$

4.2.3 Einzahlangaben und Spektrum-Anpassungswerte für Schalldämmung und Schallschutz

Aus technischer Sicht enthalten die frequenzabhängigen Kennwerte alle benötigten Informationen. Für zahlreiche praktische Anwendungen hingegen besteht der Bedarf, die schalltechnische Leistungsfähigkeit eines Bauteils oder eines Gebäudes hinsichtlich der Schalldämmung oder des Schallschutzes durch einen einzigen Zahlenwert, den sogenannten Einzahlwert, zu charakterisieren. So lassen sich dann unterschiedliche Produkte auf einfache Art und Weise mit einander vergleichen und es können Anforderungen an den Schallschutz formuliert werden.

Die Ermittlung der Einzahlangaben beruht auf dem Bezugskurvenverfahren, das für die Luftschalldämmung in ISO 717-1 beschrieben wird. Die gemessenen Terz- oder Oktavwerte der Kenngröße werden mit der Bezugskurve verglichen. Diese repräsentiert aus der historischen Entwicklung heraus ursprünglich die angepasste Schalldämmung einer Wand aus 25 cm dicken Vollziegeln. Bei Messungen in Terzbändern werden für den Vergleich die Werte von 100 bis 3150 Hz herangezogen, bei Oktavmessungen von 125 bis 2000 Hz. Die aus dem

Vergleich ermittelte Einzahlangabe trägt zur Unterscheidung von den frequenzabhängigen Größen stets den Index *w*. So ergibt sich aus dem frequenzabhängigen Schalldämm-Maß R das bewertete Schalldämm-Maß R_w und aus R' das bewertete Bau-Schalldämm-Maß R'_w. Ebenso folgt aus D_n die bewertete Norm-Schallpegeldifferenz $D_{n,w}$ und aus D_{nT} die bewertete Standard-Schallpegeldifferenz $D_{nT,w}$.

Über die Aussagekraft und Anwendung der so ermittelten Einzahlwerte gibt es in den einzelnen Ländern kontroverse Ansichten [17]. Deshalb wurden zusätzlich sogenannte Spektrum-Anpassungswerte C und C_{tr} geschaffen, die es erlauben, die Schalldämmung oder den Schallschutz hinsichtlich unterschiedlicher Geräuscharten zu bewerten. Sie werden zum betreffenden Einzahlwert addiert, sodass sich für die Schalldämmung oder den Schallschutz ein neuer Zahlenwert ergibt, beispielsweise $R + C_{tr}$ oder $D_{nT, w} + C$. Dafür wurden zwei Geräuschspektren definiert, die stellvertretend für zahlreiche Geräusche stehen: beim Anpassungswert C wird ein A-bewertetes Rosa Rauschen zugrunde gelegt, das z. B. für übliche Wohngeräusche oder für Verkehrsgeräusche bei hohen Geschwindigkeiten herangezogen werden kann. C_{tr} dagegen steht für eher tieffrequent orientierte Geräusche wie z. B. innerstädtischer Straßenverkehr. Die Spektrum-Anpassungswerte C und C_{tr} werden stets ergänzend zu den Einzahlwerten angegeben, z. B. für das Schalldämm-Maß in der Form R_w $(C; C_{tr}) = 53(0; -4)$dB. Außerdem können Spektrum-Anpassungswerte für nach oben oder unten erweiterte Frequenzbereiche formuliert werden, um besonderen Anforderungen in diesen Frequenzbereichen Rechnung zu tragen. Eine ausführliche Behandlung der Spektrum-Anpassungswerte und ihrer Anwendung findet sich in [17, 18].

Im messtechnischen Zusammenhang ist die Bildung der Einzahlangaben und Spektrum-Anpassungswerte nur insofern von Bedeutung, als dass sie aus den Messwerten nach den Vorgaben zu ermitteln und in den Prüfberichten anzugeben sind. Aus diesem Grund soll auf weitere Einzelheiten der anzuwendenden Verfahren nicht näher eingegangen werden. Stattdessen wird auf die Ausführungen in ISO 717-1 und die zusätzlichen Erläuterungen in [17, 19] hingewiesen.

4.3 Schalldämmung als Bauteil- und Systemeigenschaft

Wovon hängt die Schalldämmung ab? Nähere Betrachtungen zeigen eine Fülle von Einflüssen, die bei der Messung der Schalldämmung zu berücksichtigen und sachgerecht in entsprechenden Messanweisungen umzusetzen sind.

4.3.1 Schalldämmung als Bauteileigenschaft

Materialeigenschaften

Vielfach wird die Schalldämmung als eine Größe betrachtet, die spezifisch für ein Bauteil ist und sich in charakteristischer Weise aus dessen Eigenschaften ergibt. Dies schlägt sich in zahlreichen Berechnungsformeln nieder, die einen theoretischen Zusammenhang zwischen solchen Eigenschaften und der Schalldämmung herstellen. Als einfaches Beispiel, das bereits auf wesentliche messtechnisch relevante Aspekte hinweist, sei hier und in den nachfolgenden Ausführungen ein einschaliges homogenes Bauteil betrachtet. Eine häufig gewählte Darstellung für die Schalldämmung ist die nachfolgende, die für eine unendliche Platte zwischen zwei luftgefüllten Halbräumen hergeleitet wird [14, 20]:

$$\text{für } f << f_c \quad R = 10\lg\left(\frac{m''\omega}{2\rho_0 c_0}\right)^2 - 3\,\text{dB} \quad (39)$$

$$\text{für } f > f_c \quad \begin{aligned} R &= 10\lg\left(\frac{m''\omega}{2\rho_0 c_0}\right)^2 \\ &\quad + 5\lg\frac{f}{f_c} + 10\lg 2\eta \end{aligned} \quad (40)$$

mit

m'' flächenbezogene Masse der Platte
$\rho_0 c_0$ Schallkennimpedanz für Luft (ρ_0: Dichte der Luft, c_0: Ausbreitungsgeschwindigkeit in Luft)

η Verlustfaktor
f_c Koinzidenzgrenzfrequenz

Wenn dabei noch berücksichtigt wird, dass die Koinzidenzgrenzfrequenz f_c der Platte mit

$$f_c = \frac{c_0^2}{2\pi}\sqrt{\frac{m''}{B'}} = \frac{c_0^2}{2\pi h}\sqrt{\frac{12\rho(1-\mu^2)}{E}} \quad (41)$$

c_0 Schallgeschwindigkeit in Luft [m/s]
B' Biegesteifigkeit der Platte, bezogen auf die Plattenbreite in [Nm]
ρ Dichte der Platte [kg/m³]
h Dicke der Platte [m]
μ Poissonsche Querkontraktionszahl [–]
E Elastizitätsmodul [N/m², Pa]

gegeben ist, wird damit auch der Zusammenhang der Plattendämmung zur Steifigkeit (und dem E-Modul) hergestellt. Außer der Frequenzabhängigkeit ergibt sich für die Schalldämmung somit erwartungsgemäß die Abhängigkeit von der flächenbezogenen Masse m'', der Steifigkeit B' (und somit auch E) und der Dämpfung η. Der Verlustfaktor kann in diesem Ansatz zuerst einmal durch die innere Dämpfung (Materialdämpfung) verursacht gesehen werden. Grundsätzlich aber berücksichtigt er alle infrage kommenden Verlustmechanismen.

In entsprechender Weise sind für andere Konstruktionen, z. B. mehrschalige Bauteile wie leichte Ständerwände oder schwimmende Estriche, weitere relevante Größen zu berücksichtigen. Hierzu gehören die dynamische Steifigkeit und der Strömungswiderstand bei Dämmstoffen.

Die angesprochenen Einflussgrößen spielen auch bei der schalltechnischen Charakterisierung von Bauprodukten eine Rolle, insbesondere dann, wenn es um die Reproduzierbarkeit von Messergebnissen der Schalldämmung und die eindeutige, zuverlässige Zuordnung von gemessenen schalltechnischen Eigenschaften zu bestimmten Produkteigenschaften geht. Aus diesem Grund werden in den Messnormen (z. B. ISO 10140-2) Angaben zur Bauteilbeschaffenheit gefordert. Darüber hinausgehend verlangt die DIN 4109-4 bei Eignungsprüfungen für die untersuchten Bauteile die Feststellung der relevanten Material- und Bauteileigenschaften. Weitergehende Festlegungen enthält das „Beschlussbuch" der bauakustischen Prüfstellen [21]. Dort wird beispielsweise für Messungen der Schalldämmung von Wärmedämmverbundsystemen (WDVS) vorgeschrieben, dass die flächenbezogenen Massen der Trägerwand und des WDVS-Putzes, die Verlustfaktoren der Trägerwand und für den Dämmstoff die dynamische Steifigkeit, die Rohdichte und der Verlustfaktor (optional) bestimmt werden.

Damit sind aber die in der Realität vorhandenen Bedingungen noch nicht vollständig berücksichtigt. Das Bauteil wird endliche Abmessungen haben, es weist bestimmte Einspannbedingungen an den Rändern auf und es grenzt üblicherweise an einen oder zwei endliche Räume an. Ein Charakteristikum der Schallfelder endlicher Körper und Räume sind Reflexionen an den Berandungen und die dadurch verursachten stehenden Wellen (Eigenschwingungen, Moden). Diese beeinflussen die tatsächliche Schalldämmung in erheblichem Maße. Ein großer Teil der getroffenen Regelungen zur Messung der Schalldämmung sind Vorkehrungen zur Minimierung unerwünschter modaler Einflüsse.

Einfluss der modalen Eigenschaften und der Größe des Bauteils

Bei Anregung einer Platte durch ein diffuses Schallfeld treten auf der Platte sowohl erzwungene als auch freie Biegewellen auf. Man spricht von nichtresonanter und resonanter Anregung. Unterhalb der Grenzfrequenz f_c trägt die resonante Übertragung wenig zur Gesamtübertragung bei. Die nichtresonante Übertragung dominiert. In diesem Frequenzbereich bestimmt die Masse die Schalldämmung (siehe Gl. 39). Die Eigenmoden der Platte sind an der Übertragung kaum beteiligt. Oberhalb der Grenzfrequenz dagegen wird der größte Teil der Schallleistung über die Eigenmoden übertragen. Voraussetzung für die beschriebenen Verhältnisse ist ein diffuses Schallfeld für die Anregung, also keine stehenden Wellen im Raum. Wenn hingegen in einem oder beiden Räumen stehende Wellen vorhanden sind, können diese sowohl oberhalb als auch unterhalb

der Grenzfrequenz mit den Plattenmoden koppeln, sodass sich die Schalldämmung verringert. Die gekoppelten Moden in den Räumen und auf der Platte dominieren dann die Schallübertragung. Für die Schalldämmung und deren Messung ist es also aufschlussreich, Vorstellungen von der Modenausbildung zu haben.

Für eine dünne, homogene, rechteckförmige Platte der Biegesteifigkeit B' (bezogen auf die Plattenbreite) mit der flächenbezogenen Masse m'' und den Kantenlängen l_x und l_y ergeben sich die Eigenfrequenzen im Falle der gelenkig gelagerten Platte zu

$$
\begin{aligned}
f_{mn} &= \frac{\pi}{2}\sqrt{\frac{B'}{m''}}\left[\left(\frac{m}{l_x}\right)^2 + \left(\frac{n}{l_y}\right)^2\right] \\
&= \frac{c_0^2}{4f_c}\left[\left(\frac{m}{l_x}\right)^2 + \left(\frac{n}{l_y}\right)^2\right] \quad m,n = 1,2\ldots
\end{aligned}
\tag{42}
$$

Je kleiner die Plattenabmessungen und die Grenzfrequenz sind, desto höher liegen demnach die Eigenfrequenzen. Bei gleichen konstruktiven Eigenschaften hat die kleinere Platte die höheren Eigenmoden. Bei gleichen Plattenabmessungen haben biegesteife Bauteile höhere Eigenmoden. Entsprechende Zusammenhänge gelten auch für andere Einspannbedingungen, allerdings mit verschobenen Eigenfrequenzen.

Es ist offensichtlich, dass die Schallübertragung von der Anzahl der vorhandenen Moden in einem Frequenzband abhängt. Diese hängt mit der Modendichte zusammen, die definiert ist als die Anzahl der Schwingungsmoden pro Hertz. Dafür gilt nach [22] für eine Platte mit der Fläche S, der Dicke h und der Longitudinalwellengeschwindigkeit c_L:

$$
n(\omega) = \frac{S}{3{,}6 c_L^h}
\tag{43}
$$

Diese Beziehung kann als hilfreiche Näherung für Platten jeglicher Form herangezogen werden, um die Anzahl der zu erwartenden Eigenmoden abzuschätzen. Um den Zusammenhang zur Grenzfrequenz herzustellen, kann stattdessen auch

$$n(\omega) = \frac{f_c}{2c_0^2} S \qquad (44)$$

geschrieben werden. Auch die Modendichte der Platte ist von den Plattenabmessungen (und von f_c) abhängig. Sie nimmt mit der Größe der Platte zu und mit der Biegesteifigkeit der Platte ab.

Des Weiteren spielen die Befestigungsbedingungen eines Bauteils an seinen Rändern eine Rolle für die Ausbildung von Eigenmoden und deren Eigenfrequenzen. Abb. 6 zeigt als Beispiel die experimentell ermittelten Schwingungsformen einer Mauerwerkswand, die bei gleicher Frequenz bei unterschiedlicher Randanbindung unterschiedliche Moden ausbildet. Zu beachten ist vor allem das für die Abstrahlung bedeutsame Schwingungsverhalten an den Rändern. Aus der Theorie sind Lösungen für ausgewählte Randbedingungen (frei, gelenkig, eingespannt) bekannt. Es ist jedoch nicht immer erkennbar, welche Bedingungen unter praktischen Verhältnissen tatsächlich vorliegen. Bei Prüfstandsuntersuchungen sollte deshalb der Einbau so praxisgerecht wie möglich erfolgen.

Ein wesentliches Fazit lautet also: Die Schalldämmung hängt von den Bauteilabmessungen ab. Es ist naheliegend und erforderlich, diesen Einfluss bei Vorgaben für die Messung der Schalldämmung zu berücksichtigen. Eine grundsätzliche Regel heißt deshalb: Bauteile sollten

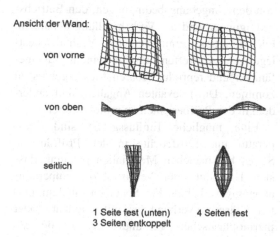

Ansicht der Wand:

von vorne

von oben

seitlich

1 Seite fest (unten)   4 Seiten fest
3 Seiten entkoppelt

Abb. 6 Modalanalyse einer im Wandprüfstand eingebauten Wand bei 57 Hz für feste und entkoppelte Randanbindung

solche Abmessungen haben, die für eine übliche Einbausituation im Gebäude typisch ist. Zwar kann nicht jede mögliche Abmessung im Prüfstand untersucht werden, jedoch können Rahmenbedingungen festgelegt werden. So wird in ISO 10140-2 für Wände eine Prüföffnung von etwa 10 m^2 und für Decken zwischen 10 und 20 m^2 vorgeschrieben, wobei keine Kante kürzer als 2,30 m^2 sein soll. Eine kleinere Prüföffnung darf verwendet werden, wenn die Wellenlänge der freien Biegewellen bei den tiefsten betrachteten Frequenzen kleiner ist als die Hälfte der kleinsten Abmessung des Prüfgegenstandes. D. h. mindestens zwei Wellenlängen müssen auf der kürzesten Abmessung unterkommen. Gefordert ist damit eine ausreichend große Modendichte.

Zur Dimensionierung kann folgende Beziehung herangezogen werden, für die die Longitudinalwellengeschwindigkeit c_L bekannt sein oder abgeschätzt werden muss. Werte für c_L finden sich in der Literatur [14].

$$\lambda_B = 2\pi \sqrt[4]{\frac{B'}{m''}} \frac{1}{\sqrt{\omega}} \approx 1{,}35 \sqrt{\frac{hc_L}{f}} \qquad (45)$$

Allerdings sieht man am Beispiel einer biegesteifen Wandkonstruktion (Mauerwerk, $h = 0{,}24$ m, $c_L = 2800$ m/s), dass für eine untere Frequenz von 100 Hz mit $\lambda_B = 3{,}5$ m die kleinste Abmessung der Prüföffnung bereits 7 m und ihre erforderliche Fläche mindestens 50 m^2 sein müsste. De facto sind die Anforderungen der Norm bei biegesteifen Bauteilen also nicht durchgängig erfüllbar. Offensichtlich ist dieses Kriterium für biegeweiche Bauteile leichter zu erfüllen als für biegesteife. Die aufgezeigte Diskrepanz wird in der Praxis allerdings dadurch entschärft, dass in realen Gebäuden die tatsächlichen Flächen in derselben Größenordnung wie die Prüföffnung liegen.

Falls Bauteile mit kleineren Abmessungen als die vorhandene Prüföffnung geprüft werden sollen, z. B. Fenster, Türen oder Fassadenelemente bestimmter Abmessungen in der Prüföffnung eines Wandprüfstands, muss das Prüfobjekt in der Prüföffnung in eine Trennwand eingebaut werden. Diese muss selbst eine so hohe Schalldämmung haben, dass die von ihr übertragene

Schallleistung gegenüber der über das Prüf-objekt übertragenen vernachlässigbar ist. Eine entsprechende Validierungsmethode wird in Abschn. 4.3.2 (*„Kontrolle der Nebenwegüber-tragung in Prüfständen"*) behandelt. In allen Fällen, bei denen die Prüföffnungsfläche nicht identisch mit der Trennfläche zwischen den Messräumen ist, muss in Gl. (29) für die Flä-che S die Fläche der Öffnung in der Trennwand angesetzt werden, die zum Einbau des Prüf-gegenstandes erforderlich ist.

Speziell für Verglasungen wird in ISO 10140-1 eine eigene Prüföffnung mit den Abmessungen 1250 mm × 1500 mm (jeweils ±50 mm) und einer definierten Abstufung im Trennwand-querschnitt festgelegt. Dazu kommen detail-lierte Einbauvorschriften (siehe Abschn. 4.3.2 *„Einbaubedingungen"*). Auch für Türen wird in der Regel eine eigene Prüföffnung verwendet, deren Abmessungen allerdings nicht normativ festgelegt sind. Für Fenster können Abmessungen verwendet werden, die den prakti-schen Gegebenheiten entsprechen, doch wird eine Prüfung in der genormten Prüföffnung für Ver-glasungen empfohlen.

Bauteile wie Fenster, Türen und Fassaden-elemente werden bei gleichem Konstruktions-prinzip in unterschiedlichen Größen gebaut. Deshalb muss bei Abmessungen, die von denen des geprüften Bauteils abweichen, mit beträchtlichen Änderungen der Schalldämmung gerechnet werden. Im Zweifelsfall ist die Prü-fung mit den interessierenden Maßen durch-zuführen, um zu verlässlichen Aussagen zu gelangen. Im Allgemeinen kann eine klei-nere Schalldämmung erwartet werden, wenn die Fläche größer als die des geprüften Bau-teils ist. Dies ist auch mit Hinblick auf die oben genannten modalen Einflüsse plausibel (zunehmende Modendichte bei größerer Flä-che). Ebenfalls mit der Modenverteilung hängt zusammen, dass bei quadratischen Bauteilen niedrigere Schalldämm-Maße als bei recht-eckigen mit gleicher Fläche auftreten kön-nen. Hier bilden sich Moden mit gleichen Eigenfrequenzen in Längs- und Querrichtung und damit einer verstärkten Übertragung bei diesen Frequenzen aus. Als ein weiterer

flächenabhängiger Effekt kann beobachtet wer-den, dass Prüfgegenstände desto empfindlicher auf die Art der Randeinspannung reagieren, je kleiner ihre Fläche ist. Mit kleinerer Bau-teilfläche wird das Verhältnis von Umfang zur Fläche größer und damit gewinnen auch rand-bedingte Einflüsse an Einfluss. Nach [23] sind dabei zwei verschiedene Einflüsse zu betrachten: eine verstärkte Abstrahlung an den Rändern unterhalb der Grenzfrequenz und eine verstärkte Kopplung zwischen Prüfgegen-stand und Prüfstand, was zu einer Erhöhung des Gesamtverlustfaktors führt (siehe hierzu Abschn. 4.3.2 *„Einfluss des Verlustfaktors"*).

Eine Quantifizierung der Flächenabhängig-keit wird in [24] anhand von Modellversuchen vorgenommen. Der Trend, dass sich mit grö-ßerer Bauteilfläche die Schalldämmung ver-ringert, wird bestätigt. Als Näherung wird für das bewertete Schalldämm-Maß eine Korrektur

$$\Delta R_w = 5 \lg \frac{S}{S_0} \quad \text{dB} \qquad (46)$$

abgeleitet, wobei für die Bezugsfläche S_0 bei Fenstern 2 m², für Wände 10 m² und für Decken 20 m² vorgesehen werden. Eine Flächenver-dopplung schlägt sich dadurch mit einer Ver-minderung um 1,5 dB nieder.

Einfluss der Umgebungs- und Betriebs-bedingungen sowie der Vorbehandlung

Die Schalldämmung der Prüfobjekte kann von den Umgebungsbedingungen, den Betriebs-bedingungen und der Vorbehandlung abhängen. Für derartige Einflüsse sind deshalb Fest-legungen zu treffen, um zu einem aussage-fähigen und reproduzierbaren Messergebnis zu kommen. Die relevanten Angaben sind außer-dem in den Prüfberichten zu protokollieren.

Eine mögliche Einflussgröße sind Tem-peratur und Luftfeuchte in den Prüfräumen. So ist bei manchen Materialien bekannt, dass sich E-Modul oder Verlustfaktor temperatur-abhängig verhalten. Für Scheiben mit laminier-ten Gläsern (Verbundglas mit Gießharz oder thermoplastischer Verbundfolie) ist deshalb im Beschlussbuch der bauakustischen Prüf-stellen [21] eine ausreichend lange Akklimati-sierung des Prüfobjekts (mindestens 24 h) im

Prüfklima vorgeschrieben, damit die Scheibentemperatur der Prüfraumtemperatur entspricht. Außerdem muss der Prüfbericht den Hinweis enthalten, dass bei niedrigeren Temperaturen als der Prüftemperatur die Schalldämmung kleiner werden kann. Grundsätzlich wird bei Prüfstandsmessungen in den einschlägigen Messnormen der ISO 10140er-Reihe die Bestimmung von Lufttemperatur, statischem Luftdruck und relativer Luftfeuchte in den Prüfräumen sowie deren Angabe in den Prüfberichten zum Zeitpunkt der Messungen verlangt.

Eine weitere Einflussgröße kann die Feuchtigkeit des Prüfgegenstandes selbst sein. Bei Laborprüfungen an Bauteilen aus Mauerwerk oder Beton ist zu berücksichtigen, dass die im Prüfstand aufgebauten Bauteile in frischem Zustand zusätzliche Feuchtigkeit durch Vermörtelung und Putz enthalten. Nun kann nicht abgewartet werden, bis der Zustand der Ausgleichsfeuchte erreicht wurde. Jedoch sollten die Messungen an möglichst trockenen Bauteilen durchgeführt werden, damit zumindest bei Steifigkeit, flächenbezogener Masse und Verlustfaktor des Bauteils keine wesentlichen Änderungen mehr auftreten. In ISO 10140-1 und in DIN 4109-4 wird deshalb vor der Messung eine Mindesttrocknungszeit von 14 Tagen vorgeschrieben. Außerdem muss der massebezogene Feuchtegehalt von Steinen und Putz zum Zeitpunkt der Messung festgestellt und im Prüfbericht angegeben werden. Dies kann durch Bohrkern oder aus der Abbruchmasse (zeitnah zur Messung) erfolgen. Da die Feuchte auch die (flächenbezogene) Masse des Mauerwerks erhöht, muss die Bestimmung von m'' aus der Abbruchmasse ebenfalls zeitnah erfolgen. Auch für nass hergestellte Estriche muss nach DIN 4109-4 eine Wartezeit von mindestens 2 Wochen (bei Gussasphaltestrichen von 3 Tagen) eingehalten werden.

Von Bedeutung können bei bestimmten Prüfobjekten auch die Betriebsbedingungen sein. Hinreichend bekannt ist, dass bei Fenstern und Türen die Funktionsfähigkeit der Dichtungen über die erreichbare Schalldämmung entscheidet. Ein zu öffnender Prüfgegenstand ist deshalb nach ISO 10140-1 und ISO 10140-2 für die Prüfung so einzubauen, dass er auf übliche Weise geöffnet und geschlossen werden kann. Er muss unmittelbar vor der Prüfung mindestens fünfmal geöffnet und geschlossen werden. Prüfobjekte mit mehreren möglichen Betriebszuständen, z. B. Luftdurchlassvorrichtungen mit Luftmengeneinstellung, sind in der für den üblichen Einsatz vorgesehenen Einstellung zu betreiben.

Undichtigkeiten

Eine große Rolle bei der gemessenen Schalldämmung können Undichtigkeiten des Prüfobjektes spielen. Diese können bei beweglichen Bauteilen wie Fenstern oder Türen auftreten, wo die Einstellung der Dichtungen maßgeblich für den Schalldämmerfolg ist. Problematisch ist dabei, dass für die Prüfstandsuntersuchungen oft mit größter Sorgfalt eingebaut und eingestellt wird, was unter den praktischen Baubedingungen dann häufig allerdings nicht mehr geschieht. Für Türen sieht die DIN 4109-2 deshalb einen Malus („Sicherheitsbeiwert") von 5 dB (üblicherweise ansonsten 2 dB) auf das gemessene R_w vor. Problematisch können Undichtigkeiten auch bei Fügestellen elementierter Bauteile sein, wenn die Elementverbindungen nicht sorgfältig abgedichtet und montiert wurden. Des Weiteren können Undichtigkeiten an den Randanschlüssen zu angrenzenden Wänden und Decken die Schalldämmung drastisch verringern. Dies kann bei Prüfstandsmessungen auch bei massiven Wänden auftreten, wenn beim Einbau der Prüfwand die Anschlussfugen nicht sorgfältig hergestellt wurden. Derartige Effekte treten bei Prüfstandsuntersuchungen eher selten, bei Baumessungen dagegen häufig auf. Es ist dann Aufgabe des Messingenieurs, den Mangel als solchen und seine Ursachen festzustellen. Abweichungen des gemessenen Schalldämm-Maßes vom üblicherweise für vergleichbare Konstruktionen zu erwartenden Wert sind zwar noch kein schlüssiges Indiz für Undichtigkeiten – auch Mängel in der Flankendämmung oder sonstige Nebenwege können eine mögliche Ursache der Minderung sein – doch ist der Einfluss von Undichtigkeiten mit etwas Erfahrung im Frequenzgang der Schalldämmung zu erkennen. Es tritt eine deutliche Minderung des zu erwartenden Schalldämm-Maßes bei mittleren und hohen Frequenzen auf, erkennbar als Abflachung der Schalldämmkurve.

Einfluss des Schalleinfallswinkels
Ist die Schalldämmung, wie oft angenommen wird, eine nur vom Bauteil abhängige Eigenschaft? Schon eine genauere Betrachtung des in Gl. (39) dargestellten Zusammenhangs macht deutlich, dass bereits hier die reinen Bauteileigenschaften nicht ausreichen, sondern auch das anregende Schallfeld betrachtet werden muss. In der Herleitung dieser Formel, z. B. in [14], ist nämlich die Abhängigkeit vom Schalleinfallswinkel ϑ zu berücksichtigen:

$$R = 10 \lg \left(\frac{m'' \omega}{2 \rho_0 c_0} \right)^2 + 10 \lg \cos^2 \vartheta \quad (47)$$

Der Abzug von 3 dB in Gl. (39) ergibt sich unter Annahme eines mittleren Einfallswinkels von 45°, der als repräsentativ für ein diffuses Schallfeld betrachtet wird. Ebenso werden auch bei der Herleitung von Gl. (40), z. B. in [14], Annahmen zum Schalleinfallswinkel getroffen, die hier den Spuranpassungseffekt betreffen.

Die Abhängigkeit vom Schalleinfallswinkel kann in der praktischen Anwendung nicht ignoriert werden. Bei Messungen im Labor wird das Problem pragmatisch dadurch gelöst, dass Messungen im diffusen Schallfeld vorgeschrieben werden und „per definitionem" ein über alle Einfallsrichtungen gleichverteilter Schalleinfall auf das Bauteil angenommen wird. Diese idealisierende Annahme ist im realen Fall natürlich nicht erfüllt. Vor allem bei tieferen Frequenzen können bei geringerer Modendichte bestimmte Einfallswinkel vorherrschen. Da dies von den aktuellen räumlichen Bedingungen abhängt, ist naheliegend, dass davon die Vergleichbarkeit der Messergebnisse bei tiefen Frequenzen beeinträchtigt wird.

Der in Gl. (47) dargestellte Zusammenhang gilt unterhalb der Grenzfrequenz. Er ist deshalb vor allem bei biegeweichen Bauteilen, also solchen, bei denen die Grenzfrequenz hoch liegt ($f_c > 1600$ Hz), von Bedeutung. Fassadenbauteile, die oft aus biegeweichen Materialien (Verglasungen, Blechpaneele etc.) bestehen, unterliegen im praktischen Einsatzfall beim Außenlärm meistens einem gerichteten Schalleinfall, der von einer vorhandenen Quelle (z. B. Verkehrsweg oder Einzelquelle) herrührt. Die tatsächlich erreichte Schalldämmung hängt also von der konkreten Situation ab und ist nicht notwendigerweise identisch mit derjenigen, die im Prüfstand unter Diffusfeldbedingungen gemessen werden kann. Für die Überprüfung der vor Ort erreichten Schalldämmung solcher Bauteile ist es im Rahmen von Güteprüfungen erforderlich, die Messungen unter einem definierten Einfallswinkel durchzuführen, damit die Einhaltung von Anforderungen überprüft werden kann und Vergleichbarkeit der Messungen gewährleistet ist. In ISO 16283-3 wird deshalb ein Einfallswinkel von 45° vorgeschrieben (siehe hierzu Abschn. 4.7.4).

Weitere Einflüsse des anregenden Schallfeldes treten zutage, wenn die modalen Eigenschaften der Schallfelder in den Messräumen betrachtet werden. Darauf wird nachfolgend eingegangen.

Materialeigenschaften

4.3.2 Schalldämmung als Systemeigenschaft

Modale Effekte bei der Messung der Schalldämmung
Eigenmoden spielen nicht nur beim Prüfgegenstand selbst, sondern auch in den Schallfeldern der Messräume eine Rolle. Dort liegt ihre Bedeutung darin, dass (insbesondere bei tiefen Frequenzen) das jeweilige Schallfeld im Sende- oder Empfangsraum mehr oder weniger deutlich ausgeprägte Moden aufweist, was dem Grundsatz eines diffusen Schallfeldes widerspricht, und darüber hinaus darin, dass die Modenkopplung der Teilsysteme (hier die Schallfeder der beiden Prüfräume und das schallübertragende Bauteil) für eine reduzierte Schalldämmung verantwortlich ist.

Bei reflektierenden Raumwänden bilden sich in einem Raum Eigenschwingungen (Raumresonanzen) mit ihren Eigenfrequenzen aus, die aus dem wellentheoretischen Ansatz für einen Rechteckraum wie folgt berechnet werden:

$$f_{\ell mn} = \frac{c}{2}\sqrt{\left(\frac{\ell}{l_x}\right)^2 + \left(\frac{m}{l_y}\right)^2 + \left(\frac{n}{l_z}\right)^2} \quad (48)$$

Näherungsweise kann die Eigenfrequenzdichte mit

$$\frac{dN_f}{df} \approx 4\pi V \frac{f^2}{c^3} \quad (49)$$

angegeben werden [25], wobei V das Raumvolumen und c die Schallgeschwindigkeit in Luft darstellt. Die Eigenfrequenzdichte nimmt also mit der Raumgröße und der Frequenz zu. Damit trotz der Eigenschwingungen im Raum eine einigermaßen gleichmäßige Schallpegelverteilung zustande kommt, wird eine ausreichend große Eigenfrequenzdichte vorausgesetzt. Nach [14] wird für raumakustische Messungen eine Eigenfrequenzdichte $dN_f/d_f \approx 1/\text{Hz}$ vorausgesetzt, sodass daraus mit Gl. (49) für den möglichen Messfrequenzbereich

$$f \geq \sqrt{\frac{c^3}{4\pi V} \cdot \frac{1}{\text{Hz}}} \approx \frac{1800\,\text{Hz}}{\sqrt{V/m^3}} \quad (50)$$

folgt. Für einen bauakustischen Messraum im Labor mit dem Mindestvolumen von 50 m² ergibt sich daraus eine untere Frequenzgrenze von etwa 250 Hz. Wollte man tatsächlich 100 Hz als in den Messnormen geforderter Wert einhalten, müsste der Raum mindestens 325 m² haben. Das ist für bauakustische Messräume nicht üblich und praktikabel.

Speziell im tieferen Frequenzbereich interessiert, wie stark sich einzelne Moden überlappen und damit in der Lage sind, einen betrachteten Frequenzbereich vollständig abzudecken. Dies ist vor allem dann von Bedeutung, wenn im betrachteten Frequenzbereich nur wenige Moden vorhanden sind, aber dennoch eine möglichst gleichmäßige Anregung angestrebt wird. Die Fähigkeit zur Überlappung hängt außer von der Modendichte auch von der Dämpfung der Resonanzen ab, was durch die sogenannte Halbwertsbreite Δf ausgedrückt werden kann.

Die Halbwertsbreite, auch 3 dB-Halbwertsbreite genannt, ist derjenige Frequenzbereich, bei dem für eine Resonanzkurve die Werte 3 dB unter dem Resonanzmaximum liegen (siehe Abb. 7). Der Zusammenhang zwischen Halbwertsbreite Δf und Verlustfaktor η (als Maß für die Dämpfung) ist durch

$$\eta = \frac{\Delta f}{f_0} \quad (51)$$

gegeben, wobei f_0 die Resonanzfrequenz ist. Wenn die Halbwertsbreiten klein gegenüber dem Frequenzabstand benachbarter Raumresonanzen sind, wird das Übertragungsverhalten von einzelnen Moden bestimmt. Sind sie dagegen groß gegenüber dem Modenabstand, kommt eine vollständige Überlappung der Moden zustande, sodass keine Einzelfrequenzen mehr dominierend in Erscheinung treten können. Die Überlappung der Moden kann durch den sogenannten modal overlap M (Modenüberlappung) als Produkt aus der Halbwertsbreite Δf und der Modendichte durch

$$M = \Delta f \cdot \frac{dN_f}{df} \quad (52)$$

beschrieben werden. Er ist ein Maß dafür, wie stark die Resonanzen den Bereich aller möglichen Frequenzen in einem bestimmten Frequenzbereich abdecken.

Da die raumakustischen Dämpfungsverhältnisse üblicherweise durch die Nachhallzeit T beschrieben werden und

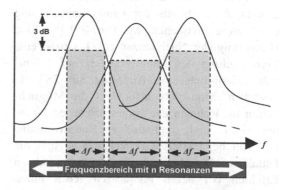

Abb. 7 3 dB-Halbwertsbreite und Modenüberlappung bei Moden in einem bestimmten Frequenzbereich

$$\Delta f = \frac{2,2}{T} \qquad (53)$$

gilt, ist für die Konditionierung der Schallfeldverhältnisse folgende Darstellung hilfreich:

$$M = \frac{2,2}{T} \cdot \frac{dN_f}{df} \qquad (54)$$

Eine Senkung der Nachhallzeit führt also zu einer besseren Modenüberlappung. Wenn als Kriterium für ein diffuses Schallfeld eine ausreichende Überlappung der Moden mit $M \geq 3$ vorausgesetzt wird [26], dann entspricht dies der Vorgabe der sogenannten Schröderfrequenz oder Großraumbedingung [27]

$$f = 2000 \sqrt{\frac{T}{V}} \qquad (55)$$

mit dem Raumvolumen V in m³ und der Nachhallzeit T in s. Sie ist diejenige Frequenz, oberhalb derer ein Schallfeld nicht durch einzelne Moden bestimmt wird.

Kritisch sind bezüglich der gewünschten Diffusität bei tiefen Frequenzen also lange Nachhallzeiten und kleine Volumina. Bei Baumessungen kann auf die Raumgröße kein und auf die Nachhallzeiten nur wenig Einfluss genommen werden und kleine Räume kommen häufig vor. Bei Labormessungen dagegen schreibt ISO 10140-5 für die Sende- und Empfangsräume ein Mindestvolumen von 50 m³ vor, und die Nachhallzeiten in den Räumen sollen zwischen 1 und 2 s liegen. Für ein Volumen von gerade 50 m³ und eine Nachhallzeit von 2 s ergäbe sich aus der Großraumbedingung eine untere Frequenzgrenze von 400 Hz. Eine Halbierung der Nachhallzeit auf 1 s bzw. eine Verdoppelung des Raumvolumens auf 100 m³ würde lediglich eine Änderung auf 283 Hz bewirken. Man sieht also, dass die Möglichkeiten im Rahmen der vorgeschriebenen Nachhallzeiten und realistischer Raumvolumina nur von begrenzter Wirksamkeit sind und die bauakustische Messtechnik mit den modalen Effekten bei tiefen Frequenzen leben muss. Dennoch können durch verschiedene Maßnahmen zumindest die ungünstigsten Auswirkungen verhindert werden. So wird der reguläre bauakustische Frequenzbereich nach unten auf 100 Hz begrenzt (noch tiefere Frequenzen sind optional). Jedoch sagt die für die Prüfstandsmessungen zuständige ISO 10140-5 selbst, dass *„In tiefen Frequenzbändern (unter 400 Hz im Allgemeinen und vor allem unterhalb von 100 Hz) das Schallfeld in den Prüfräumen nicht diffus (ist), besonders dann, wenn Raumvolumina von nur 50 m³ bis 100 m³ betrachtet werden."* Eine Folge ist, dass bei tiefen Frequenzen mit größeren Messunsicherheiten gerechnet werden muss. Auskunft darüber gibt ISO 140-2. Für diesen Frequenzbereich gibt ISO 10140-4 deshalb eine (informative) Messanleitung mit Modifikationen des üblichen Messvorgangs an. Eine eigenständige Methode zur Schalldämmungsmessung im Labor bei tiefen Frequenzen wird in ISO 15186-3 beschrieben. Hierbei kommen die Intensitätsmessung und eine starke rückseitige Bedämpfung des Empfangsraumes zum Einsatz.

Die bereits genannte Festlegung der Nachhallzeiten im Bereich zwischen 1 und 2 s stellt einen Kompromiss bezüglich unterschiedlicher Zielsetzungen dar. Einerseits soll in halliger Umgebung ein Diffusfeld erzeugt werden, was geringe Absorption bzw. lange Nachhallzeiten erfordert. Andererseits soll die Modenüberlappung bei tiefen Frequenzen erhöht werden, was stärkere Dämpfung bzw. kurze Nachhallzeiten voraussetzt. In Messräumen mit schallharten Oberflächen sind die Nachhallzeiten bei tiefen Frequenzen oft sehr lang, sodass zur Erfüllung der Vorgaben eine zusätzliche Bedämpfung erforderlich wird. Die eingebrachten Absorber müssen als Tiefenabsorber ausgelegt werden (Plattenschwinger, Verbundplatten-Resonatoren). Falls die Prüfstandswände bereits mit biegeweichen Vorsatzschalen zur Unterdrückung der Flankenübertragung versehen sind und möglicherweise noch das Prüfobjekt mit ähnlichen Eigenschaften den Messraum bedämpft, können die Nachhallzeiten allerdings auch unter 1 s fallen.

Zur Verbesserung der Diffusität können in den Messräumen Diffusoren angebracht werden. ISO 10140-5 sieht zur Ermittlung der Anzahl und Position der Diffusor-Elemente ein empirisches Vorgehen vor.

Hinsichtlich der Erzeugung eines homogenen Schallfeldes wird immer wieder auch der Einfluss der Raumform genannt. ISO 10140-5 macht dazu keine besonderen Vorgaben, weist aber darauf hin, dass die Verhältnisse der Raumabmessungen so gewählt werden, dass die Eigenfrequenzen in den unteren Frequenzbändern möglichst gleichmäßig verteilt liegen. Für rechtwinklige Räume kann dazu Gl. (48) verwendet werden. Immer wieder werden in diesem Zusammenhang schiefwinklige Räume vorgeschlagen, für die eine bessere Modenverteilung erwartet wird [28]. Für Schalldämmungsmessungen hingegen kann diese Empfehlung sogar kontraproduktiv sein. So wird in [29] von schiefwinkligen Räume, insbesondere solchen, die sich zur Prüfwand hin verjüngen, abgeraten. Ausgehend von FEM-Berechnungen wird nachgewiesen, dass es zu einer Konzentration der Schallenergie in den Raumbereichen kommt, die von der Prüfwand entfernt liegen. Das Prüfobjekt wird deshalb weniger stark angeregt als aus den Messungen unter Diffusfeldannahmen angesetzt wird, wenn die Schalldämmung nach Gl. (29) wird. Ein Hinweis in ISO 10140-5 besagt, dass die Volumina und die entsprechenden Abmessungen der beiden Messräume nicht gleich sein sollten. Empfohlen wird ein Unterschied von mindestens 10 % für die Volumina und/oder die linearen Abmessungen. Obwohl hier nur Empfehlung, sollte dieser Hinweis bei der Auslegung bauakustischer Prüfräume höchste Priorität haben. Damit soll vermieden werden, dass ausgeprägte Moden des einen Raumes mit solchen des anderen Raumes übereinstimmen und durch die Modenkopplung eine erhöhte Schallüberragung ermöglicht wird [30]. Die Kopplung stark ausgebildeter Moden kann auch zwischen einem oder gar beiden Luftschallfeldern und dem Körperschallfeld des geprüften Bauteils auftreten. Dies führt zu starken Einbrüchen in der Schalldämmung. Die genannten Effekte spielen sich im Bereich „tieferer" Frequenzen ab, wo die Luft- und Körperschallfelder bereits durch einzelne Moden geprägt werden. Auch wenn die beiden Messräume gegeneinander „verstimmt" werden können, lässt sich eine Modenkopplung nicht völlig vermeiden, da die modalen Eigenschaften des Prüfgegenstandes a priori nicht bekannt sind und stark differieren. So kann es trotzdem immer wieder zu starken Kopplungen zwischen einzelnen ausgeprägten Moden des Prüfobjekts und einem der beiden Messräume kommen. Um die Dominanz stark ausgeprägter Moden zu vermindern, ist wieder eine ausreichende Bedämpfung hilfreich. Dies gilt übrigens nicht nur, wie bislang behandelt, für die Luftschallfelder, sondern gleichermaßen für das Körperschallfeld auf dem Prüfobjekt. So wird tatsächlich in ISO 10140-5 ein Mindestverlustfaktor vorgesehen, der von schweren Bauteilen im eingebauten Zustand im Prüfstand eingehalten werden sollte.

Die unterschiedlichen modalen Verhältnisse bei tieferen Frequenzen führen dazu, dass für denselben Prüfgegenstand zum Teil erhebliche Unterschiede zwischen den gemessenen Schalldämm-Maßen unterschiedlicher Prüflaboratorien zustande kommen können. Als besonders ungünstig erweisen sich Sende- und Empfangsräume gleicher Abmessungen, da es dort zu besonders starker Modenkopplung kommen kann. In [31] wird anhand von Untersuchungen in Modellräumen und in Gebäuden für gleich große Räume ein Fehler von 2 bis 3 dB im Einzahlwert abgeleitet. Die Abweichungen gegenüber „verstimmten" Räumen sind frequenzabhängig. Bei tiefen Frequenzen betragen sie etwa 4 bis 7 dB und nehmen erwartungsgemäß zu höheren Frequenzen ab.

In [32] werden aufgrund von Änderungen der Raumgeometrie für eine einschalige Wand Änderungen bis zu 15 dB im Terzspektrum des Schalldämm-Maßes angegeben. Außer der Raumgröße und -geometrie werden in [33] die Bauteile näher untersucht. Biegeweiche leichte Bauteile weisen im Gegensatz zu massiven schweren Bauteilen nur geringe Abhängigkeit von den Raumeigenschaften. Große Änderungen treten dagegen bei schweren Bauteilen auf, weil die Eigenfrequenzdichte der Bauteile klein ist und die Modenkopplungen betont werden.

Eine systematische Untersuchung der aus dem modalen Verhalten resultierenden Einflussgrößen wurde in [24] in einem Modellprüfstand

durchgeführt (siehe Abb. 8), sodass die folgenden Angaben zu den entsprechenden Unsicherheiten formuliert werden konnten.

Der Einfluss einer unterschiedlichen Lage
der Körperschallmoden bei gleichen Luftschallfeldern macht sich bei biegeweichen Bauteilen
kaum bemerkbar. Bei biegesteifen Bauteilen
dagegen ergeben sich vor allem bei tiefen Frequenzen unterhalb der Koinzidenzgrenzfrequenz
Unsicherheiten aufgrund einer unzureichenden
Anzahl von Körperschallmoden mit einer
Standardabweichung zwischen 1 bis 2 dB für
Terzwerte. Der Einfluss weist keine systematische Richtung auf. Die Einzahlwerte bei biegesteifen Bauteilen haben lediglich noch eine
Standardabweichung von maximal 0,5 dB, was
durch die geringe Korrelation zwischen den Ter-
zwerten erklärt wird.

Der Einfluss der Raumgrößen (bei gleich
bleibendem Prüfgegenstand) wird in [24] insgesamt als bedeutend eingeschätzt. Generell
ist die Streuung aufgrund veränderter Raumgrößen bei tiefen Frequenzen größer und
nimmt zu höheren Frequenzen hin ab. Wenn
zwei gleichgroße Räume angenommen werden, wie es bei Messungen in Gebäuden häufig
vorkommt, ergeben sich größere Streuungen

als bei zwei unterschiedlich großen Räumen,
wie es bei Prüfstandsmessungen üblich ist.
Die Vorgabe in ISO 10140-5 für unterschiedlich große Räume erweist sich somit als eine
wesentliche Maßnahme zur Verminderung der
Messwertstreuungen. Die zwischen gleichen
Räumen gemessenen Schalldämm-Maße sind
systematisch kleiner als diejenigen zwischen
ungleichen und weisen eine größere Streuung
auf. Besonders groß sind die Abweichungen bei
tiefen Frequenzen und nehmen zu höheren Frequenzen hin ab. Sie betragen im Mittel bis zu
4 dB. Im Einzahlwert R_w zeigen sich für biegeweiche Bauteile zwischen der Prüfstands- und
Bausituation keine wesentlichen Unterschiede.
Für biegesteife Bauteile dagegen ergeben sich
im Mittel um ca. 1,3 dB kleinere R_w-Werte für
gleich große Räume und eine mit 1,8 dB deutlich höhere Standardabweichung.

Da die Messräume bei Baumessungen in
der Regel nicht leer und unbedämpft sind,
wird in [24] ergänzend der Einfluss von Diffu-
sion und Absorption in den Luftschallfeldern
quantifiziert, wobei insbesondere wieder die
Bedingungen gleichgroßer Räume betrachtet
werden. Bei einem biegeweichen Bauteil sind
keine erkennbaren Einflüsse erkennbar. In den

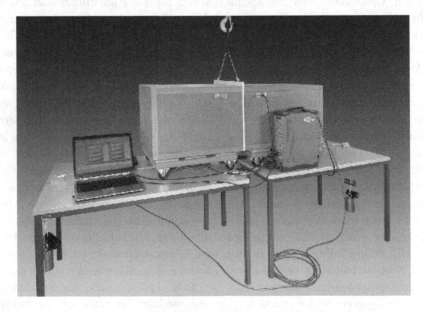

Abb. 8 Versuchsaufbau für Modelluntersuchungen zur Schalldämmung. (Bild: PTB)

Einzahlwerten sind nur für das biegesteife Bauteil deutliche Unterschiede zwischen halliger und bedämpfter Umgebung in der Größe von etwa 1,5 dB feststellbar. Der Einfluss von Diffusoren (Möblierung) wird insgesamt als gering beurteilt. Im Vergleich zu Messungen in verschieden großen Räumen zeigt sich allerdings vor allem bei tiefen Frequenzen für alle untersuchten Varianten eine um mehrere dB geringere Schalldämmung.

Aus all diesen Phänomenen wird klar, dass die Schalldämmung nicht eine reine Bauteileigenschaft ist, sondern als Systemeigenschaft eines gekoppelten Gesamtsystems betrachtet werden muss. Die Messung der Schalldämmung beschreibt stets das gesamte zugrunde liegende Schallübertragungssystem. Durch ergänzende Maßnahmen kann lediglich dafür gesorgt werden, dass diese Einflüsse überschaubar sind und auf ein akzeptables Maß reduziert werden.

Abstrahlungseffekte und Einbaubedingungen

In den normativen Regelungen zur Messung der Schalldämmung finden sich für Prüfstandsuntersuchungen detaillierte Hinweise zu den Einbaubedingungen. Dahinter stecken im Wesentlichen zwei Effekte: die Abstrahlbedingungen des Prüfgegenstandes und die Energieableitung vom Prüfgegenstand auf die flankierenden Bauteile des Prüfstandes. In beiden Fällen spielen die Art des Einbaus und die daraus resultierenden Umgebungsbedingungen eine wesentliche Rolle. Diese Effekte werden nachfolgend erläutert.

Abstrahlverhalten

Auf einer unendlichen Platte ist die Abstrahlung freier Biegewellen nur oberhalb der Koinzidenzgrenzfrequenz f_c möglich. Unterhalb findet keine Abstrahlung statt. Betrachtet man dagegen die Abstrahlbedingungen auf einer endlichen Platte, dann kann auch unterhalb von f_c eine Abstrahlung erfolgen, und zwar an den Rändern stärker als in der Plattenmitte. Dieses Phänomen beruht darauf, dass unterhalb von f_c eine Abstrahlung nur dann möglich ist, wenn die Kompensation gegenphasiger Druckgebiete (hydrodynamischer Kurzschluss) aufgehoben wird. Dies ist an den Ecken und Kanten der Fall

und hängt in seiner Ausprägung stark von den aktuellen Bedingungen an den Rändern ab.

Eine dieser Einflussgrößen ist die Einspannung des Bauteils an den Rändern. Es kann gezeigt werden [34, 35], dass sich bei fester Einspannung einer Platte der Abstrahlgrad für die Eck- und Kantenmoden gegenüber der gelenkigen Lagerung verdoppelt. Die kleinste Abstrahlung ergibt sich bei freier Lagerung. Dieser Einfluss ist nur unterhalb von f_c relevant, sodass er vor allem für biegeweiche Bauteile mit großem f_c zu beachten ist.

Ein weiterer und für die Messpraxis bedeutsamer Einfluss ist der sogenannte Nischeneffekt. Eine Nische tritt auf, wenn die Tiefe der Prüföffnung größer ist als die Dicke des Prüfobjektes. Das ist z. B. dann der Fall, wenn die Prüföffnung in eine hochschalldämmende Trennwand eingebaut ist, die wegen der erforderlichen Schalldämmung eine entsprechende Dicke (bis zu 50 cm) benötigt (siehe hierzu Abschn. 4.3.2 *„Nebenwegübertragung im Prüfstand"* und *„Kontrolle der Nebenwege"*). Entscheidend ist dabei, wo das Prüfobjekt in der Nische eingebaut wird. Je nach Einbauposition können Unterschiede von mehreren dB im Schalldämm-Maß auftreten, allerdings beschränkt auf den Bereich unterhalb der Grenzfrequenz. Deshalb ist der Nischeneffekt vor allem bei biegeweichen Bauteilen von Bedeutung. In [36] werden Unterschiede bis zu 9 dB genannt. Die kleinste Schalldämmung ergibt sich in der Mitte der Nischentiefe der Prüföffnung, die größte auf der Kante der Nische. Beim Einbau in der Nischenmitte kommt es zu einer verstärkten resonanten Schallübertragung [37], die allerdings unterdrückt werden kann durch einen abgestuften Nischenquerschnitt. Gegenüber einer glatten Nische liegt das bewertete Schalldämm-Maß im abgestuften Querschnitt bei Verglasungen um 2 dB und bei Fenstern um 1 dB höher [38]. Von praktischer Bedeutung für das Messergebnis sind darum die aktuellen Messbedingungen und deren Dokumentation in den Prüfberichten. Zur Vermeidung großer Abweichungen werden für Verglasungen in den Messvorschriften der ISO 10140-1 sehr detaillierte Vorgaben zur

Geometrie der Prüföffnung und in ISO 10140-5 zur Einbauposition gemacht. Zugrunde gelegt wird eine abgestufte Nische, wie sie in Abb. 9 gezeigt wird. Beim Einbau soll die Nische beiderseits der Verglasung unterschiedliche Tiefen mit einem Verhältnis von 2:1 aufweisen.

Die Untersuchungen in [39] belegen, dass mit derartigen Vorgaben für die Geometrie der Prüföffnung und die Einbauposition eine deutliche Verbesserung der Vergleichbarkeit zwischen unterschiedlichen Laboratorien erreicht werden kann. Für andere Prüfobjekte werden keine derart verbindlichen Vorgaben gemacht. Jedoch soll nach ISO 10140-1 und ISO 10140-5 das Verhältnis der Öffnungstiefen in der Öffnung der Prüfraumwand etwa 2:1 betragen. Für Fenster wird ein Einbau vorgesehen, der weitestgehend den Bedingungen in der Praxis entspricht. Die Prüfung soll bevorzugt in einer abgestuften Nische erfolgen.

Auch wenn ein Prüfobjekt nicht in einer Nische sondern bündig in der Prüfraumwand eingebaut ist, können sich Auswirkungen der näheren Umgebung ergeben. So spielt es eine Rolle, ob die abstrahlende Fläche ungestört in den Halbraum abstrahlen kann oder aus einer Eckposition heraus in den Viertelraum. Im zweiten Fall ergibt sich eine verstärkte Abstrahlung (und da die Situation der Reziprozität unterliegt

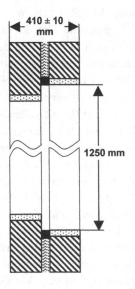

Abb. 9 Prüföffnung für Verglasungen nach ISO 140-1

auch eine verstärkte Anregung). Nach [34] erhöht sich die Abstrahlung für den Viertelraum auf den doppelten Wert. Da sich dieses Verhalten im gemessenen Schalldämm-Maß niederschlägt, ist die geometrische Situation bei der Prüfung schalldämmender Elemente eine durchaus bedeutsame Angelegenheit. In ISO 10140-5, wo das Messverfahren für die Schalldämmung kleiner Bauteile (z. B. Lüftungskanäle oder Lüftungsöffnungen) in Prüfständen geregelt wird, werden deshalb präzisierende Vorgaben für die Position der Prüfgegenstände gemacht. Grundsätzlich sollen auch bei der Laborprüfung reflektierende Flächen in der direkten Umgebung berücksichtigt werden, wenn dies der üblichen Einbausituation in der Praxis entspricht. Wenn für ungehinderte Abstrahlung die Auswirkungen benachbarte Reflexionsflächen vermieden werden sollen, müssen diese mindestens 1 m vom Prüfgegenstand entfernt sein. Wenn dieser Einfluss entsprechend der tatsächlichen Einbausituation aber gewünscht wird, dann soll das Prüfobjekt 0,1 m von der Wandkante entfernt positioniert werden.

Auf dieselben Effekte bezieht sich ISO 10140-2, wenn für die Prüfung von Türen vorgesehen wird, dass sich die Unterkante der Tür möglichst nah am Fußboden der Prüfräume befindet. Hierbei geht es um die Übertragungseigenschaften von Fugen und Schlitzen, die für die erreichbare Schalldämmung die maßgebliche Rolle spielen und deshalb in einer situationsgerechten geometrischen Anordnung an der Schallübertragung zu beteiligen sind.

Einbaubedingungen

In den vorhergehenden Kapiteln wurde an verschiedenen Stellen auf die Bedeutung der Einbaubedingungen für die zu messende Schalldämmung hingewiesen. Als Effekte wurden Auswirkungen auf das Eigenschwingungsverhalten des Prüfgegenstandes durch die Einspannbedingungen, Auswirkungen auf das Abstrahlverhalten und Auswirkungen auf die Energieweiterleitung auf benachbarte Bauteile/ Prüfstand genannt. Im Sinne reproduzierbarer und vergleichbarer Messergebnisse werden in den einschlägigen Regelwerken deshalb

Festlegungen für den Einbau der Prüfgegenstände getroffen. Einige davon wurden bereits in den vorhergehenden Abschnitten angesprochen. Hinweise genereller Art finden sich in ISO 10140-2.

Falls keine festen Vorgaben gemacht werden, soll der Einbau des Prüfgegenstandes vorzugsweise wie bei der Anwendung im Bau erfolgen, wobei übliche Anschlüsse und Abdichtungen sorgfältig nachgebildet werden sollen. Um bei massiven Bauteilen die Anbindung an den Prüfstand unter dem Aspekt der Energieweiterleitung zu charakterisieren, wird in ISO 10140-4 die Messung des Gesamtverlustfaktors empfohlen (siehe hierzu Abschn. 4.5.3). Beim Einbau des Prüfgegenstands in einer Öffnung sollte, solange aus der üblichen Einbaupraxis heraus nicht zwingend andere Bedingungen zu realisieren sind, das Verhältnis der Öffnungstiefen 1:2 betragen. In Ringversuchen [40, 41] konnte nachgewiesen werden, dass leichte mehrschalige Wände mit biegeweichen Schalen (Metallständerwände) durch die Einbaubedingungen erheblichen Messwertstreuungen unterliegen. In ISO 10140-5 werden deshalb Vorgaben an den Einbaurahmen gemacht, in den die Wand bei der Prüfung zwischen den Messräumen eingebaut wird. Dessen flächenbezogene Masse muss gegenüber den Wandschalen mindestens sechsmal schwerer sein und mindestens 450 kg/m^2 betragen. Auch soll die Trennfuge zwischen den Messräumen außerhalb des Wandquerschnitts liegen. Zu berücksichtigen ist wegen des Nischeneffekts auch die Position im Einbaurahmen. Sehr detaillierte Einbauvorgaben werden für Verglasungen in ISO 10140-5 gemacht, die ebenfalls das Resultat eines umfangreichen Ringversuchs sind [38, 39]. Als Besonderheit wird beim Einbau eine Fugendichtungsmasse mit spezifizierten akustischen Eigenschaften gefordert, die hinsichtlich der Einspannbedingungen und der Randbedämpfung der Glasscheiben für definierte Verhältnisse sorgen soll.

Da die Einbaubedingungen von derart entscheidender Bedeutung sind, wird in den genannten Regelwerken eine sorgfältige Dokumentation der aktuellen Einbausituation

gefordert. In [21] werden dazu ausdrücklich die Randanschlüsse, die Verbindungsmittel zum Prüfstand, die Lage des Prüfgegenstandes zu den Prüfstandsfugen und die Anpassung an die Prüföffnung genannt.

Einfluss des Verlustfaktors

Wie Gl. (40) zeigt, hängt die Schalldämmung eines Bauteils auch vom Verlustfaktor ab. Man kann ihn als einen Gesamtverlustfaktor η_{ges} verstehen, der sich aus den inneren Verlusten (Materialdämpfung) η_i, den durch Abstrahlung vom Bauteil hervorgerufenen Verlusten η_s und den an den Rändern durch Weiterleitung von Energie auf benachbarte flankierende Bauteile hervorgerufenen Verlusten η_{fl} zusammensetzt (Abb. 10).

Es gilt also:

$$\eta_{ges} = \eta_i + \eta_s + \eta_{fl} \qquad (56)$$

Typischerweise ergeben sich für ein einschaliges massives Bauteil die in Abb. 11 dargestellten Verhältnisse.

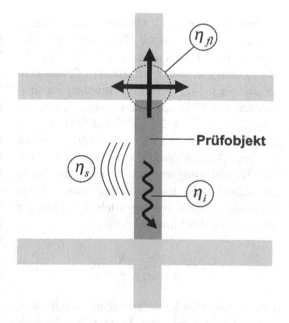

Abb. 10 Gesamtverluste η_{ges} auf einem Prüfobjekt und deren Zusammensetzung aus inneren Verluste η_i Abstrahlungsverlusten η_s und Randverluste η_{fl}

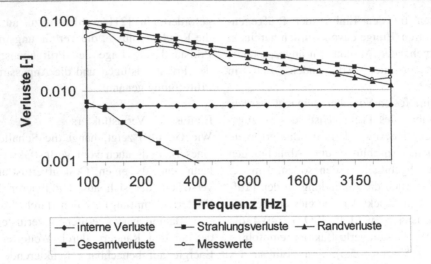

Abb. 11 Typisches Verhalten der Verluste auf einem massiven Bauteil

Werte für den internen Verlustfaktor können der Literatur, z. B. [20], entnommen werden. Für viele übliche Baumaterialien liegt er zwischen etwa 10^{-2} und $5 \cdot 10^{-3}$. Nach [20] kann der Strahlungsverlustfaktor durch

$$\eta_s = \frac{\rho_0 c_0 \sigma}{\pi f m''} \qquad (57)$$

beschrieben werden. Oberhalb der Grenzfrequenz, bei massiven Bauteilen also der wesentliche Frequenzbereich, nehmen die Abstrahlungsverluste zu hohen Frequenzen hin ab. Nach [42] liegen die Strahlungsverlustfaktoren bei üblichen Bauprodukten zwischen etwa $2,5 \cdot 10^{-2}$ bis $2,5 \cdot 10^{-3}$ bei 100 Hz und etwa $5 \cdot 10^{-4}$ bis $5 \cdot 10^{-5}$ bei 5000 Hz, wenn für den Abstrahlgrad $\sigma = 1$ angesetzt wird. Die Weiterleitungsverluste können im Sinne der statistischen Energieanalyse durch einen Kopplungsverlustfaktor beschrieben werden, der nach ISO 12354-1 durch

$$\eta_{fl} = \frac{c_0}{\pi^2 S \sqrt{f f_c}} \sum_{k=1}^{4} l_k \alpha_k \qquad (58)$$

bestimmt werden kann. S ist dabei die Bauteilfläche, l_k die Länge der Kante k des Bauteils und α_k der Körperschallabsorptionsgrad für Biegewellen an der Kante k. α_k hängt von den Kopplungsbedingungen an den Bauteilrändern ab und kann aus den Stoßstellendämm-Maßen des Bauteils zu den benachbarten Elementen bestimmt werden. Näheres hierzu ist in Anhang C von ISO 12354-1 zu finden.

Während die inneren Verluste für viele übliche Baumaterialien (z. B. Mauerwerk, Beton) als frequenzunabhängig betrachtet werden können, nehmen (bei massiven biegesteifen Bauteilen) die Abstrahlungsverluste und Weiterleitungsverluste mit zunehmender Frequenz im Allgemeinen ab (siehe auch Abb. 11). Die Abstrahlungsverluste können bei üblichen Bauteilen gegenüber den beiden anderen Verlustarten vernachlässigt werden. Für massive Bauteile, solange sie nicht hoch bedämpft sind, sind in vielen Fällen die Weiterleitungsverluste dominierend. Diese hängen von der Art der Ankopplung des Bauteils an die umgebende Baustruktur ab. Bei massiven Wänden und Decken wird das Schalldämm-Maß deshalb stark von den Ankopplungsbedingungen an die umgebenden Baukonstruktionen beeinflusst. Dass durch die Einbaubedingungen tatsächlich große Unterschiede im gemessenen Schalldämm-Maß auftreten können, zeigt ein Beispiel in Abb. 12. Für eine Mauerwerkswand, die zum einen starr und zum anderen entkoppelt in den Prüfstand eingebaut wurde,

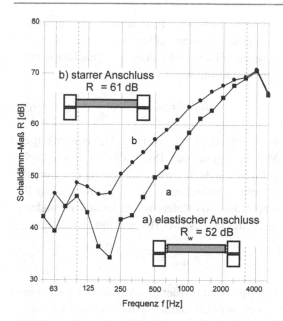

Abb. 12 Schalldämm-Maß einer Mauerwerkswand (m″ = 440 kg/m²), gemessen im Wandprüfstand bei elastischer und starrer Randanbindung

tritt im bewerteten Schalldämm-Maß ein Unterschied von 9 dB auf. Abb. 13 zeigt für diese Einbausituationen die Verlustfaktoren, die auf den in ISO 10140-5 angegebenen Mindestverlustfaktor nach Gl. (64) bezogen wurden. Die große

Streuung der Verlustfaktoren, die im Rahmen eines Ringversuchs [42] für die gleiche Wand in verschiedenen Prüfständen bei gleicher Wandanbindung gemessen wurden, zeigt Abb. 22.

Für die hinreichende Beschreibung der Einbausituation wird in ISO 10140-4 angesichts der dargestellten Situation für massive Bauteile völlig zu Recht die Messung und die Angabe des Verlustfaktors vorgesehen. Dies ist derzeit zwar nur eine Empfehlung, sollte aber als unabdingbar für interpretierbare Messergebnisse gesehen werden.

Der Einfluss des Verlustfaktors muss beachtet werden, wenn die Vergleichbarkeit von Prüfstandsmessungen und die Übertragbarkeit von Prüfstandsergebnissen auf die Bausituation betrachtet werden [42–45]. Bei der Übertragbarkeit geht es um die Frage, ob die im Labor gemessene Schalldämmung eine vernünftige Angabe für das im realen Gebäude eingebaute Bauteil darstellt (In-situ-Bedingungen). In den Berechnungsverfahren der ISO 12354 (siehe Abschn. 3.2.2) wird dazu die sogenannte In-situ-Korrektur eingeführt, die für Schalldämm-Maße folgende Umrechnung von Laborwerten R_{lab} in In-situ-Werte R_{situ} vornimmt:

$$R_{\text{situ}} = R_{\text{lab}} - 10 \lg \frac{\eta_{\text{lab}}}{\eta_{\text{situ}}} \quad \text{dB} \qquad (59)$$

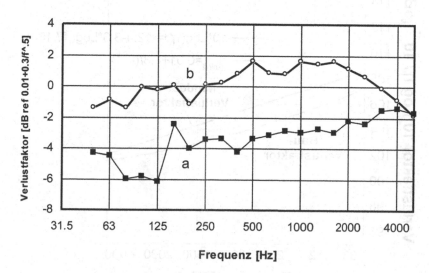

Abb. 13 Verlustfaktoren einer Mauerwerkswand (m″ = 440 kg/m²), gemessen im Wandprüfstand bei elastischer (**a**) und starrer (**b**) Randanbindung. Messwerte des Verlustfaktors bezogen auf den Mindestverlustfaktor nach ISO 10140-5

η_{lab} und η_{situ} sind dabei die Gesamt-Verlustfaktoren, die für das Bauteil im Labor bzw. im Bau vorliegen. Die Körperschallnachhallzeit T_s ist jedoch die eigentliche Messgröße, aus der über

$$\eta_{\text{ges}} = \frac{2,2}{fT_s} \qquad (60)$$

der Gesamtverlustfaktor ermittelt werden kann. Damit lautet die In-situ-Korrektur

$$R_{\text{situ}} = R_{\text{lab}} + 10\lg\frac{T_{s,\text{lab}}}{T_{s,\text{situ}}} \quad \text{dB} \qquad (61)$$

$T_{s,\text{lab}}$ wird durch Messungen während der Laborprüfung ermittelt (siehe hierzu Abschn. 4.5.3). Für $T_{s,\text{situ}}$ sind geeignete Annahmen zu treffen. Möglichkeiten zur rechnerischen Abschätzung werden in ISO 12354 genannt. Eine einfache und verlässliche Möglichkeit bietet der Bau-Verlustfaktor, der in [43] für Massivbauteile in üblichen Massivbaukonstruktionen durch

$$10\lg\,\eta_{\text{bau}} = -12,4 - 3,3\,\lg\,\frac{f}{100} \qquad (62)$$

angegeben wird. Hinweise zur Korrektur werden in [46] gegeben. Falls Labormesswerte

aus verschiedenen Prüfständen mit einander verglichen werden sollen, kann eine Normierung auf einen einheitlichen Verlustfaktor vorgenommen werden:

$$R^* = R_{\text{lab}} - 10\lg\frac{\eta_{\text{lab}}}{\eta_{\text{ref}}} \qquad (63)$$

Diese Normierung wird in den einschlägigen Messverfahren der ISO 10140-2 noch nicht gefordert, jedoch wird die Messung der Körperschallnachhallzeiten für massive Bauteile empfohlen. Als Referenzwert kann der Mindestverlustfaktor aus ISO 10140-5 mit

$$\eta_{\text{min}} = 0,01 + \frac{0,3}{\sqrt{f}} \qquad (64)$$

herangezogen werden. Praktikabel ist jedoch ein Bezug auf den Bauverlustfaktor nach Gl. (62), da damit für massive Bauteile bereits ein Wert generiert wird, der die im Massivbau üblicherweise zu erwartende Schalldämmung repräsentiert [43]. Einen Vergleich zwischen dem Mindest-Verlustfaktor nach Gl. (65) und dem Bau-Verlustfaktor nach Gl. (62) zeigt Abb. 14.

Es ist offensichtlich, dass eine In-situ-Korrektur und damit die Kenntnis der

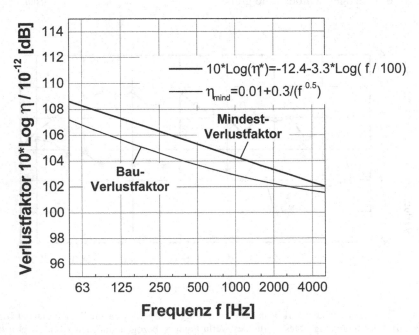

Abb. 14 Vergleich von Mindest-Verlustfaktor nach ISO 10140-5 und Bau-Verlustfaktor

Verlustfaktoren oder Körperschallnachhallzeiten nur dann erforderlich ist, wenn bei den infrage kommenden Bauteilen auch eine wesentliche Energieweiterleitung auf benachbarte Strukturen zu erwarten ist und der Gesamtverlustfaktor von den Randverlusten dominiert wird. Das ist üblicherweise der Fall bei starr an die bauliche Umgebung angebundenen massiven Bauteilen. Nicht erforderlich ist aufgrund geringer oder vernachlässigbarer Energieweiterleitung demgegenüber eine Korrektur bei folgenden Konstruktionen:

- zweischalige Leichtbauteile, z. B. Holzständerwände oder Metallständerwände
- Bauteile mit einem inneren Verlustfaktor größer als 0,03
- Bauteile, die sehr viel leichter sind als die umgebenden Bauteile (mindestens um den Faktor 3)
- Bauteile, die nicht fest mit den umgebenden Bauteilen verbunden sind.

Für Prüfstandsuntersuchungen sieht ISO 10140-5 für Konstruktionen mit einer flächenbezogenen Masse $m'' < 150$ kg/m^2 keine besonderen Maßnahmen vor, da gegenüber den (in der Regel) schweren Prüfstandswänden eine große Stoßstellendämmung und damit eine ausreichend geringe Energieweiterleitung angenommen wird. Für schwere Bauteile dagegen sollten die Energieverluste in die umgebende Prüfstandsstruktur so groß sein, dass sich auf dem Prüfgegenstand ein Mindestverlustfaktor η_{min} gemäß Gl. (64) einstellt. Da die in diese Kategorie gehörenden Bauteile biegesteife Bauteile mit in der Regel geringer Modendichte bei tiefen Frequenzen sind, führt eine Bedämpfung zu einer größeren Modenüberlappung (siehe hierzu Abschn. 4.3.2 „Modale Effekte"). Dieser Effekt wird in ISO 10140-5 zwar nicht angesprochen, sorgt aber bei solchen Bauteilen für eine bessere Vergleichbarkeit von Messergebnissen. Untersuchungen in unterschiedlichsten Prüfständen im Rahmen eines Ringversuchs [47, 48] zeigen allerdings, dass in vielen Fällen der Mindestverlustfaktor

nicht erreicht wird, sodass die nach Gl. (64) geforderten Werte eher als ein Orientierungswert zu betrachten wären.

Um einen ausreichenden Verlustfaktor zu gewährleisten, ist es vorteilhaft, wenn das Prüfobjekt nicht vollständig vom Baukörper des umgebenden Prüfstandes entkoppelt wird und wenn der Prüfstand durch seine baulichen Bedingungen die Voraussetzungen bietet, Energie aus dem geprüften Bauteil aufnehmen zu können. Dies wäre z. B. nicht der Fall, wenn das Prüfobjekt in einem vom Prüfstand völlig entkoppelten Einbaurahmen zwischen die Messräume eingebracht wird oder wenn der Prüfstand als Leichtbaukonstruktion erstellt wird. In derartigen Prüfständen weisen die Prüfobjekte ausgesprochen kleine Verlustfaktoren auf.

Nebenwegübertragung

Eine grundlegende Frage bauakustischer Messungen ist die Frage nach den tatsächlich beteiligten Wegen im betrachteten Übertragungssystem. Da die Messung der Schalldämmung stets in einer vorgegebenen baulichen Umgebung stattfindet, kommen a priori außer der direkten Übertragung über das trennende Bauteil auch weitere Übertragungswege, die Nebenwege, in Betracht. Eine systematische Zusammenstellung dieser Wege enthält Abb. 4. Die Gesamtübertragung zwischen zwei Räumen kann dann durch

$$\tau_{ges} = \frac{P_{ges}}{P_1} = \frac{P_2 + P_3}{P_1} \quad \text{und}$$

$$R' = 10 \lg \frac{1}{\tau_{ges}} = 10 \lg \frac{P_1}{P_2 + P_3} \quad (65)$$

beschrieben werden. Wie in Gl. (1) ist P_1 die auf das Trennbauteil auftreffende und P_2 die von ihm direkt durchgelassene Schallleistung. P_3 ist die zusätzlich über Nebenwege übertragene Leistung. Für Bausituationen trägt R' den Namen Bau-Schalldämm-Maß. Da dieser Name ausschließlich im Zusammenhang mit dem Schallschutz von Gebäuden verwendet werden soll, wird für die Prüfstandssituation vom scheinbaren Schalldämm-Maß gesprochen.

Nebenwegübertragung im Prüfstand
Voraussetzungsgemäß soll bei der Messung der Schalldämmung im Prüfstand ausschließlich die schalltechnische Leistungsfähigkeit des geprüften Bauteils beschrieben werden. Es soll also keine andere Schallübertragung bei der Messung geben als diejenige über das zu prüfende Bauteil. Nebenwege sind durch die Konstruktion der Prüfstände auszuschließen bzw. soweit zu unterdrücken, dass sie bei der Gesamtübertragung keine Rolle mehr spielen. In Gl. (65) ist also dafür zu sorgen, dass P_3 gegenüber P_2 vernachlässigt werden kann. Man spricht dann von Prüfständen mit unterdrückter Nebenwegübertragung, die als Kennwert das Schalldämm-Maß R liefern.

Die Nebenwege e (Elemente) und s (Systeme) in Abb. 4 können in Prüfständen durch die Art der Konstruktion ausgeschlossen werden. Eine Übertragung über flankierende Bauteile hingegen muss kontrolliert werden. In der ISO 10140-5 werden deshalb zur ausreichenden Unterdrückung dieser Wege, Vorsatzschalen zur Vermeidung der Luftschallanregung und -abstrahlung von Flankenbauteilen und mit Trennfugen zur Vermeidung der Körperschallübertragung zwischen beiden Messräumen empfohlen. Eine mögliche Realisierung zeigt Abb. 18. Da im Empfangsraum nicht nur die aus dem Senderaum stammende und über verschiedene Wege übertragene Schallleistung sondern auch die aus dem Umfeld des Prüfstandes übertragenen Störgeräusche zum gemessenen Schalldruckpegel beitragen, muss außerdem auf eine ausreichende Schalldämmung des Prüfstandes gegenüber Außengeräuschen geachtet werden. Schwachpunkt sind hier in der Regel die Zugangstüren, die bei Planung und Ausführung besonderer Sorgfalt bedürfen. Gegenüber tieffrequenten Einwirkungen durch Körperschall von außen (Schwingungen und Erschütterungen) werden die Prüfstände oft auf einer schwingungsisolierenden Lagerung aufgestellt, die ausreichend tief abgestimmt ist, und durch Trennfugen vom umgebenden Gebäude akustisch getrennt. Wenn der Prüfstand bis zu einer unteren Frequenz von 50 Hz betrieben werden soll, sollte die Abstimmfrequenz nicht höher als ca. 20 Hz liegen.

Kontrolle der Nebenwege in Prüfständen
Um zu überprüfen, ob der Anteil der Nebenwegübertragung vernachlässigt werden kann, ist in ISO 10140-5 ein Verfahren vorgesehen, das sich an bestimmten Konstruktionen orientiert. Die grundlegende Idee ist, dass in die Prüföffnung ein hochschalldämmendes Bauteil eingebaut wird, welches die Direktübertragung so stark vermindert, dass die Flankenübertragung bei der Messung zum Tragen kommt. Das für diese Anordnung ermittelte scheinbare Schalldämm-Maß R' wird R'_{max} genannt. Um eine Messung als ausreichend nebenwegsfrei bezeichnen zu können, muss das für ein bestimmtes Prüfobjekt gemessene scheinbare Schalldämm-Maß R' im gesamten Frequenzbereich um mindestens 15 dB kleiner sein als R' max (siehe ISO 10140-2). Es darf dann als R bezeichnet werden. Allerdings muss beachtet werden, dass die flankierende Übertragung des Prüfstandes auch von der Art des im Prüfstand eingebauten Prüfobjektes beeinflusst wird. So kann bei leichten Bauteilen (mehrschalige Bauteile mit biegeweichen Platten oder sehr leichte einschalige Bauteile) davon ausgegangen werden, dass nur der Weg Ff über die Prüfstandsflanken eine Rolle spielt, da die Stoßstellendämmung zwischen Prüfstand und leichtem Bauteil (Wege Df und Fd) sehr hoch ist. Bei massiven Bauteilen dagegen kann sich in Abhängigkeit von deren flächenbezogener Masse der Weg Ff verringern, während die Wege Fd und Df verstärkt zum Tragen kommen. Zur Eingrenzung der vielen infrage kommenden Möglichkeiten werden in ISO 10140-5 für Wände und Decken je drei sogenannte repräsentative Konstruktionen festgelegt, mit denen R'_{max} ermittelt werden kann. Je eine Konstruktion stellt ein mehrschaliges leichtes Bauteil dar, die beiden anderen sind einschalige Bauteile unterschiedlicher flächenbezogener Masse, die mit akustisch wirksamen Vorsatzschalen verkleidet werden. Zur Überprüfung des 15 dB-Kriteriums sind die Schalldämm-Maße derjenigen repräsentativen

Konstruktion heranzuziehen, die der Konstruktion des zu prüfenden Bauteiles am ehesten entspricht. Falls ein geprüftes Bauteil das geforderte Kriterium nicht erfüllt, werden in ISO 10140-5 Untersuchungen zum Beitrag der Flankenübertragung und gegebenenfalls Maßnahmen zur Verbesserung der Flankendämmung gefordert. Für die Untersuchung der Flankenübertragung schlägt diese Norm in Anhang A drei Möglichkeiten vor:

- Beidseitige Verkleidung des Prüfgegenstandes mit hochwirksamen Vorsatzschalen, sodass die Wege Dd, Df und Fd ausgeblendet werden und die Übertragung auf den Ff-Wegen verbleibt.
- Körperschallmessungen im Empfangsraum auf dem Prüfgegenstand und den flankierenden Bauteilen. Aus der mittleren Schnelle kann für jedes Bauteil die in den Raum abgestrahlte Schallleistung oberhalb der Grenzfrequenz abgeschätzt werden, wenn der Abstrahlgrad den Wert 1 erhält. Das Verfahren wird nachfolgend beschrieben.
- Direkte Messung der Flankenübertragung mittels Intensitätsmessverfahren

Eine besondere Art der Nebenwegübertragung kann dann auftreten, wenn das Prüfobjekt nicht die gesamte Fläche der Trennwand zwischen den beiden Messräumen einnimmt. Dies ist z. B. bei der Prüfung von Türen, Fenstern Verglasungen, und Fassadenelementen der Fall. So hat die Prüföffnung für Verglasungen nach ISO 10140-5 eine Fläche von knapp 2 m², während die typische Gesamtfläche der Trennwand zwischen den Messräumen etwa 10 m² beträgt. In diesem Fall muss dafür gesorgt werden, dass die nicht zum Prüfobjekt gehörende Fläche der Trennwand und sonstiger Einbauten (z. B. Abdeckrahmen zur Anpassung der Prüföffnung an die Bauteilgröße) eine so hohe Schalldämmung hat, dass ihre Schallübertragung gegenüber dem Anteil über das Prüfobjekt gering wird. In ISO 10140-2 und ISO 10140-5 ist dafür eine entsprechende Validierungsmethode festgelegt. Die Schalldämmung des Prüfobjekts wird durch eine wirksame

Verkleidung so erhöht, dass seine direkte Übertragung vernachlässigt werden kann. Die verbleibende Nebenwegübertragung über die nicht zur Prüföffnung gehörende Trennwandfläche (und gegebenenfalls über die Prüfstandsflanken) kann als scheinbares Schalldämm-Maß R'_F gemessen werden. Dieses ist auf die freie Fläche der Prüföffnung zu beziehen. Das gemessene scheinbare Schalldämm-Maß R'_M des Prüfobjektes selbst muss dann im gesamten Frequenzbereich um mindestens 6 dB größer als R'_F sein. Wenn die Differenz zwischen 6 und 15 dB liegt, wird durch eine rechnerische Korrektur der gemessene Wert vom Nebenwegeinfluss bereinigt und als R bezeichnet. Dafür gilt

$$R = -10 \lg \left(10^{-R'_M/10} - 10^{-R'_F/10} \right) \ \text{dB} \quad (66)$$

Nebenwegübertragung im Gebäude
Bei bauakustischen Messungen in Gebäuden besteht die Aufgabe in der Regel darin, die Einhaltung vereinbarter Schallschutzanforderungen zu überprüfen. Das dabei ermittelte Bau-Schalldämm-Maß R'_w, aber auch die den Schallschutz beschreibenden Größen $D_{n,w}$ und $D_{nT,w}$ geben nur Auskunft über die Schallübertragung aller beteiligten Übertragungswege gemeinsam. Deshalb kann es in einzelnen Fällen erforderlich sein, die Übertragung über die Nebenwege oder über das Trennbauteil alleine zu quantifizieren. Dies ist dann von Bedeutung, wenn Anforderungen nicht eingehalten werden und die Ursachen eines mangelhaften Schallschutzes identifiziert werden sollen.

Eine Trennung der von den einzelnen Bauteilen im Empfangsraum abgestrahlten Schallleistungen oder die Ermittlung von Flankenschalldämm-Maßen kann unter bestimmten Voraussetzungen über Körperschallmessungen an der Oberfläche der betrachteten Bauteile erfolgen. Ohne auf die Grundlagen der Körperschallmesstechnik einzugehen, die hinreichend in [187] behandelt wird, sollen hier die Grundzüge einiger üblicher Verfahren in Kürze angesprochen werden. Neben Körperschallmessmethoden besteht auch die Möglichkeit, über Intensitätsmessungen die abgestrahlten Anteile der einzelnen Bauteile direkt zu messen. Darauf wird in Abschn. 4.8.2 eingegangen.

Ermittlung der Schalldämmung über Körperschallmessungen

Wie bei der herkömmlichen Schalldämmungsmessung wird im Senderaum mittels eines Lautsprechers ein stationäres breitbandiges Geräusch abgestrahlt. Im Empfangsraum wird auf der Oberfläche des Bauteils, dessen Abstrahlung interessiert, mit bekannten Körperschallmessmethoden der mittlere Schnellpegel L_v ermittelt. Die Verwendung von piezoelektrischen Beschleunigungsaufnehmern, wie sie in Abschn. 4.1 in [187] beschrieben werden, ist die in der Bauakustik am weitesten verbreitete Methode. Hinweise zur Auswahl und Ankopplung der Sensoren und zur Rückwirkung der Sensoren auf die schwingende Struktur finden sich ebenfalls im genannten Kapitel. Messungen mit einem Laser-Vibrometer, wie es in Abschn. 3.2 in [187] beschrieben wird, bieten Vorteile, wenn leichte schwingende Strukturen, wie sie bei zahlreichen Konstruktionen des Leichtbaus vorkommen, rückwirkungsfrei abgetastet werden sollen und vor allem, wenn das Messgerät als Scanning Laser-Vibrometer eingesetzt wird. Seine Anwendung ist aber eher auf den Laborbereich beschränkt.

Eine einfache Möglichkeit der Messung von Oberflächenschwingungen bietet die sogenannte „Druckkammer", die in [49] beschrieben und neuerdings wieder verwendet wird (siehe Abb. 15 und 16). Sie kann im Rahmen von Übersichtsmessungen verwendet werden und bietet den Vorteil, dass an den Bauteilen keine Aufnehmer befestigt werden müssen. Dies erleichtert die Anwendung in bewohnten Räumen.

Es handelt sich um ein einfaches Körperschallmessgerät, dass als Vorsatz vor übliche 1/2″-Messmikrofone angebracht werden kann. Ähnlich wie in Abschn. 4.1 in [187], wo die Ankopplung von piezoelektrischen Beschleunigungssensoren über eine Tastspitze beschrieben wird, wird hier ein elastisch gelagerter Kolben(*K*)mit einer Spitze gegen die Bauteiloberfläche gedrückt. Die vom

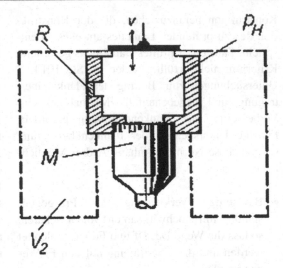

Abb. 15 Druckkammer für Körperschallmessungen; Bezeichnungen: siehe Text. (Bild: Stratenschulte)

Abb. 16 Druckkammer im Einsatz (Bild: Stratenschulte)

schwingenden Kolben verursachten Druckschwankungen im angekoppelten Druckkammer-Volumen (V_1) werden von einem üblichen 1/2″-Messmikrofon gemessen, wobei über einen Strömungswiderstand (R) und ein angekoppeltes Zusatzvolumen (V_2) dafür gesorgt wird, dass der Wechseldruck proportional der Schwingschnelle ist.

Der mittlere Schnellepegel L_v wird durch Messung der Effektivwerte der Schnellen $\tilde{v}_1 \ldots \tilde{v}_n$ an ausreichend vielen Punkten auf der Oberfläche des schwingenden Bauteils ermittelt über

$$L_v = 10\lg \frac{1}{n}\left(\frac{\tilde{v}_1^2 + \tilde{v}_2^2 + \cdots + \tilde{v}_n^2}{\tilde{v}_0^2}\right)\text{dB} \quad (67)$$

Als Bezugsschnelle ist $v_0 = 10^{-9}$ m/s der genormte Wert. In der Akustik ist allerdings auch $v_0 = 5 \cdot 10^{-8}$ m/s gebräuchlich.

Bei massiven homogenen Bauteilen üblicher Wohnraumgröße genügen bereits 6–8 Messpunkte. Falls es sich um inhomogene massive Bauteile handelt (z. B. Mauerwerk aus Lochsteinen), sollte die Zahl der Messpunkte erhöht werden.

Für das schwingende Bauteil ergibt sich die abgestrahlte Schallleistung aus seiner mittleren Schnelle zu

$$W = \rho c S \overline{v^2} \sigma \qquad (68)$$

mit

ρc Kennimpedanz der Luft
S abstrahlende Fläche des Bauteils
$\overline{v^2}$
    flächengemittelte quadrierte Schnelle
σ Abstrahlgrad, $\sigma = 1$ für $f < f_c$

In Pegelschreibweise ergibt sich daraus

$$L_W = L_v + 10 \lg \frac{S}{m^2} + 10 \lg \sigma \quad \text{dB} \quad (69)$$

wenn als Bezugswert für die Schnelle $v_0 = 5 \cdot 10^{-8}$ m/s verwendet wird. Mit Gl. (5.40) lässt sich der vom abstrahlenden Bauteil im Diffusfeld erzeugte Schalldruckpegel L_2 aus der Schallleistung L_w bestimmen:

$$L_2 = L_W - 10 \lg \frac{A}{m^2} + 6 \, \text{dB} \qquad (70)$$

Mit L_w aus Gl. (69) ergibt sich damit

$$L_2 = L_v + 10 \lg \frac{S}{A} + 10 \lg \sigma + 6 \, \text{dB} \quad (71)$$

Da bei der Berechnung Annahmen zum Abstrahlgrad getroffen werden müssen, ist in der Regel nur eine Aussage oberhalb der Koinzidenzgrenzfrequenz f_c sinnvoll, da dort $\sigma = 1$ gesetzt werden kann. Deshalb bieten sich derartige Messungen für Konstruktionen mit niedrigem f_c (biegesteife Bauteile, $f_c < 200$ Hz) an, wie es z. B. die meisten massiven Bauteile sind. Da frequenzabhängige Werte für den Abstrahlgrad unterhalb von f_c in der Regel nicht ausreichend bekannt sind, sind solche

Messungen für biegeweichen Bauteile ($f_c > 1600$ Hz) wie z. B. Gipskartonplatten wenig sinnvoll.

Für die Schalldämmung ergibt sich somit, wenn Gl. (71) in Gl. (32) eingesetzt wird

$$\begin{aligned} R' &= L_1 - L_2 + 10 \lg \frac{S_{tr}}{A} \\ &= L_1 - L_v + 10 \lg \frac{S_{tr}}{S} - 6 \, \text{dB} \end{aligned} \qquad (72)$$

Zur Unterscheidung von der abstrahlenden Fläche S wurde hier die Fläche des Trennbauteils mit S_{tr} bezeichnet. Wenn die Abstrahlung des Trennbauteils betrachtet wird, sind beide Flächen gleich und für die gemessene Schalldämmung ergibt sich

$$R' = R'_d = L_1 - L_v - 6 \, \text{dB} \qquad (73)$$

Für die richtige Interpretation der Ergebnisse ist zu beachten, dass mit solchen Messungen stets die Gesamtabstrahlung des Bauteils erfasst wird und die beitragenden Wege nicht getrennt ermittelt werden können. Bei der Messung auf dem Trennbauteil beinhaltet dies die Direktübertragung auf dem Weg Dd und die vom Trennbauteil abgestrahlten Flankenanteile der Wege Fd. R' wird hier deshalb mit R'_d bezeichnet.

Wenn die Messung auf einem Flankenbauteil mit der abstrahlenden Fläche S_f durchgeführt wird, dann gilt für die Schalldämmung

$$R' = R'_f = L_1 - L_v + 10 \lg \frac{S_{tr}}{S_f} - 6 \, \text{dB} \quad (74)$$

Hier fasst R'_f die vom Flankenbauteil abgestrahlten Anteile der Wege Ff und Df zusammen.

Falls zur Orientierung Auswertungen für den Frequenzbereich $f < f_c$ gemacht werden und mangels genauer Kenntnis des tatsächlichen Abstrahlgrades $\sigma = 1$ gesetzt wird, dann wird in diesem Frequenzbereich die Abstrahlung überschätzt und die Schalldämmung unterschätzt.

Körperschallmessungen auf den Bauteilen sind auch im Prüfstand sinnvoll, wenn der Einfluss von Flankenwegen untersucht werden soll. Das dazu in ISO 10140-5 (Anhang A) genannte Verfahren entspricht den vorhergehenden Erläuterungen. Es kann auch auf dem Trennbauteil gemessen werden, wenn der Verdacht besteht, dass Undichtigkeiten im Prüfobjekt oder den Anschlüssen die Schalldämmung verfälschen. Dann wird tatsächlich nur die Direktdämmung gemessen, und zwar bezogen auf die vom Prüfobjekt abgestrahlte Schallleistung, während Übertragungswege über Undichtigkeiten der Konstruktion nicht erfasst werden. Das Verfahren ist deshalb geeignet, Messergebnisse bezüglich Undichtigkeitseinflüssen zu überprüfen.

4.4 Prüfstände für die Messung der Luftschalldämmung

In den vorhergehenden Ausführungen wurde deutlich, dass die gemessene Schalldämmung eine Systemgröße ist, die maßgeblich von den Eigenschaften der Prüfstände mit beeinflusst wird. Folglich muss dafür gesorgt werden, dass Festlegungen für die infrage kommenden Prüfstände getroffen werden, die eine möglichst gute Wiederholpräzision der Ergebnisse im selben Prüfstand und möglichst gute Vergleichspräzision der Ergebnisse aus verschiedenen Prüfständen ermöglichen.

Für die Messung der Direktschalldämmung sind folgende Prüfstände üblich:

- Wandprüfstände
- Deckenprüfstände

- Fensterprüfstände, auch für Paneele etc.
- Türenprüfstände, auch für Paneele etc.
- Prüfstände mit Prüföffnungen für besondere Bauteile

Einen Ausschnitt aus einem bauakustischen Labor mit Wandprüfstand und Deckenprüfständen zeigt Abb. 17. Die erforderlichen Eigenschaften der Prüfstände werden in ISO 10140-5 spezifiziert. Ein Beispiel für einen Wandprüfstand mit durchgehender Trennfuge und Vorsatzschalen in beiden Messräumen wird in Abb. 18 dargestellt. Für die Messung der Flanken- oder Nebenwegübertragung über bestimmte Bauteile und Konstruktionen sind spezielle Prüfstände vorgesehen, bei denen die direkte Schallübertragung unterdrückt wird und die Schallübertragung zwischen den Messräumen nur über ausgewählte Flanken- oder Nebenwege des Prüfgegenstandes zum Tragen kommt. Auf entsprechende Messverfahren und Prüfeinrichtungen wird in Abschn. 4.9 eingegangen. Ein Beispiel für einen Flankenprüfstand in horizontaler Übertragungsrichtung für flankierende Wandaufbauten zeigt Abb. 19. Für die Messung der Verbesserung der Luftschalldämmung ΔR durch Vorsatzschalen nach ISO 10140-2 (siehe Abschn. 4.6.3) wird ein Wand- oder Deckenprüfstand herangezogen.

Auf wesentliche Bedingungen, die von den Prüfständen erfüllt sein müssen, wurde in den

Abb. 17 Teilansicht eines bauakustischen Labors (HFT-Stuttgart) mit Wandprüfstand (mitte) und Deckenprüfständen (links)

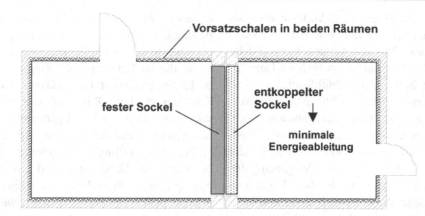

Abb. 18 Grundriss eines Wandprüfstands mit Trennfuge und beidseitigen Vorsatzschalen (HFT-Stuttgart). Der Prüfstand besitzt für den Einbau der Prüfobjekte einen festen Sockel mit starker und einen schwimmenden Sockel mit kleiner Energieableitung

Abb. 19 Flankenprüfstand für horizontale Flankendämmung und Stoßstellendämmung (HFT-Stuttgart); Länge der im Bild offenen Prüföffnung ca. 11 m

vorhergehenden Kapiteln bereits detailliert eingegangen, sodass es hier genügt, die wichtigsten Vorgaben als Übersicht zusammen zu stellen:

- Realisierung eines diffusen Schallfeldes, Minderung modaler Schallfeldeffekte bei tieferen Frequenzen. Daraus resultieren Anforderungen an die Raumgrößen (mindestens 50 m²), an den Volumenunterschied von mindestens 10 % zwischen den Räumen und an die Nachhallzeiten, die zwischen 1 und 2 s liegen sollen. Bei Bedarf erfolgt eine Konditionierung des Schallfeldes mit Diffusoren

(siehe Abschn. 4.3.2 *„Modale Effekte bei der Messung der Schalldämmung"*).

- Ausschließlich Messung der Direktübertragung über den Prüfgegenstand. Daraus resultieren die Unterdrückung von Nebenwegübertragungen und die Ermittlung der Maximaldämmung des Prüfstandes (siehe Abschn. 4.3.2 „Kontrolle der Nebenwege in Prüfständen").

- Ausreichend kleine Störgeräusche von außen. Daraus resultiert eine ausreichende Schalldämmung der Prüfstände gegen Luft- und Körperschallübertragung von außen.

- Ausreichende Körperschall Verluste auf massiven Bauteilen. Daraus resultiert die Festlegung des Mindest-Verlustfaktors (siehe Abschn. 4.3.2 „*Einfluss des Verlustfaktors*").
- Beschaffenheit der Prüföffnungen und Einbaurahmen für definierte Einbausituationen und Übertragungsbedingungen. Daraus resultieren geometrische Festlegungen für die Flächen und die Nischengestaltung sowie Vorgaben für den Einbaurahmen z. B. bei Leichtbauwänden(siehe Abschn. 4.3.2 „*Abstrahlungseffekte und Einbaubedingungen*").

Wie die Unterdrückung der Flankenwege sichergestellt wird, ist in ISO 10140-5 nicht explizit vorgeschrieben. Jedoch kommen dafür Trennfugen zwischen den Räumen und Vorsatzschalen an den Raumoberflächen in Betracht. Drei Realisierungsmölichkeiten zeigt Abb. 20.

Obwohl die gezeigten Varianten alle den Vorgaben der ISO 10140-5 entsprechen, ist zu erwarten, dass sie zu recht unterschiedlichen Bedingungen für die Energieableitung des Prüfobjektes führen. Abb. 21 zeigt für die Reiche Wand die im Rahmen eines Ringversuchs [42] in 12 verschiedenen Prüf ständen gemessenen Schalldärom-Maße. Wie stark sich in den Prüf ständen die für diese Wand gemessenen Verlustfaktoren unterscheiden, geht aus Abb. 22 hervor.

Zur Überprüfung der geforderten Unterdrückung der Nebenwege sind entsprechende messtechnische Prozeduren vorgeschrieben, die in Abschn. 4.3.2 („*Kontrolle der Nebenwege in Prüfständen*") bereits näher erläutert wurden. Wie für massive Bauteile bei der Prüfung eine ausreichende Körperschallbedämpfung (siehe Mindestverlustfaktor in ISO 140-1) realisiert werden soll, wird nicht explizit ausgeführt.

Da eine beliebig große Vereinheitlichung der Prüfstandsauslegung nicht realisierbar ist, muss letztlich immer mit einem verbleibenden Einfluss der Prüfstandsbedingungen auf die Vergleichbarkeit von Messergebnissen aus unterschiedlichen Prüfständen gerechnet werden. Durch Ringversuche können solche Einflüsse identifiziert und bei Bedarf Abhilfemaßnahmen festgelegt werden. Beispiele finden sich für massive Wände in [42, 47, 48], für Leichtbauwände in [40, 41] und für Verglasungen in [39]. Eine systematische Zusammenstellung und Auswertung bauakustischer Ringversuche findet sich in [50].

Abb. 20 Ausgewählte Realisierungsmöglichkeiten zur Unterdrückung der Nebenwegübertragung in Prüfständen nach ISO 10140-5

4.5 Vorgehen bei der Messung der Luftschalldämmung

4.5.1 Messung der Luftschallpegel

Die wesentlichen Informationen über technische und anwendungsbezogene Fragen zu Luftschallmikrofonen finden sich in Kap. 1. In Kap. 2 werden die grundlegenden Aspekte der Schallpegelmesstechnik dargestellt. Spezielle Aspekte zur Messung der Luftschallpegel im bauakustischen Zusammenhang werden nachfolgend angesprochen.

Messgeräte zur Messung der Luftschalldämmung

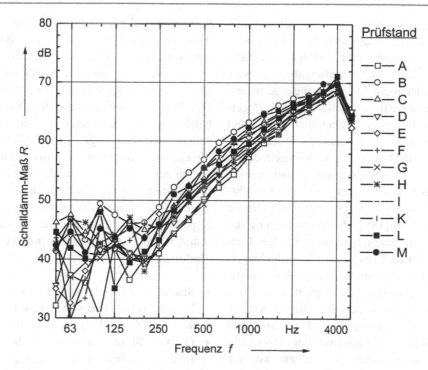

Abb. 21 Schalldämm-Maße aus einem Ringversuch [42] mit einer Kalksandsteinwand in 12 verschiedenen Prüfständen

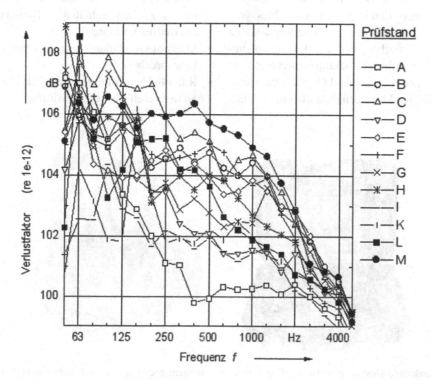

Abb. 22 Verlustfaktormessungen aus einem Ringversuch [42] mit einer Kalksandsteinwand in 12 verschiedenen Prüfständen, feste Anbindung der Wand an den Prüfstand

Als Schallpegelmesser wird im Allgemeinen eine Kombination eines Mikrofons mit einem Signalprozessor und einer Anzeigevorrichtung verstanden. Ein Mehrkanalschallpegelmesser kann zwei oder mehr Mikrofoneingänge haben, was für bauakustische Zwecke zur Pegelerfassung und Pegelmittelung im Sende- und Empfangsraum von praktischem Nutzen ist. Integraler Bestandteil eines Schallpegelmessers können auch Softwareprogramme und weitere gerätetechnische Ausstattungen sein. Ausführliche Angaben zu Schallpegelmessern finden sich in Kap. 3 in [189]. Zur Vereinfachung der routinemäßigen Messprozeduren in der Bauakustik werden als Erweiterung des Schallpegelmessers komplette bauakustische Messsysteme angeboten. Diese sind so konzipiert, dass neben den Aufgaben eines Schallpegelmessers auch die zusätzlichen messtechnischen Aufgaben zur Ermittlung der Luftschalloder Trittschalldämmung wahrgenommen werden können. Hierzu gehört die Erzeugung der Anregesignale für die Messung der Pegeldifferenz und der Nachhallzeit und die Berechnung der benötigten Kenngröße aus den (gemittelten) Messgrößen. Unterschiedliche Realisierungsansätze sind dafür verfügbar, z. B. Bauakustikanalysatoren, die alle Ausstattungsmerkmale in einem Gerät vereinigen oder PC-gestützte Messsysteme, die als Messtechnikplattform je nach

Softwaremodul für unterschiedliche akustische Anwendungsbereiche, z. B. die Bauakustik, eingesetzt werden können (siehe Abb. 23). Das eigentliche Messgerät (mit A/D-Wandler) kann über eine USB-Schnittstelle oder als PCI- bzw. PCI Express-Steckkarte mit dem Rechner verbunden werden. Es bietet die benötigten Signalein- und Ausgänge. Die Auslegung kann für ein- oder mehrkanalige Anwendungen vorgenommen werden. Die in den bauakustischen Messsystemen zur Anwendung kommende digitale Signalverarbeitung wird eingehend in Kap. 9 behandelt. Eine übliche Ausstattung der Bauakustik- Messsysteme beinhaltet folgende Merkmale:

- Mikrofoneingänge (mit Mikrofonspeisung für Messmikrofone und Vorverstärker)
- Terz- und Oktav-Echtzeitanalysator
- interner Signalgenerator für breitbandiges Rauschen (rosa, weiß, gg. auch rot/weiß) und terzgefiltertes Rauschen, optional auch Erzeugung von MLS-Signalen
- Erzeugung der Signale zur Nachhallzeitmessung (abgeschaltetes Rauschen oder alternative Verfahren)
- Leistungsverstärker zur Versorgung des Lautsprechers
- Räumliche Mittelung der Schalldruckpegel an mehreren Mikrofonpositionen

Abb. 23 Bauakustik-Messsysteme, links: PC-gestütztes Messsystem, rechts: Zweikanal- Echtzeitanalysator. (Bilder: Norsonic)

- Durchführung der Störpegelkorrektur
- automatische Messung der Nachhallzeit (mit der Möglichkeit, Abklingkurven mit nicht-linearem Verlauf auszusondern), Mittelung der Nachhallzeiten
- Berechnung der Einzahlkennwerte (incl. Spektrum-Anpassungswerte) aus den gemessenen (und gemittelten) Messgrößen
- bei Bedarf automatisierte Messabläufe
- grafische und numerische Messdokumentation mit entsprechender Bericht-Software

Hinweise zur messtechnischen Qualitätssicherung Vorgaben für die Geräte zur Messung der Luft-schalldämmung werden in ISO 10140-5 for-muliert. Die Messunsicherheiten der Geräte zur Schallpegelmessung müssen die Anforderungen der Klasse 0 oder 1 nach IEC 651 und IEC 804 (beide Regelwerke ersetzt durch EN 61672-1) erfüllen. Da die Messung der Luftschalldämmung auf einer Differenzmessung beruht, wäre vom Prinzip her eine Absolutmessung der Pegel nicht erforderlich. Auf eine Kalibrierung könnte ver-zichtet werden, wenn im Sende- und Empfangs-raum mit derselben Messkette gemessen wird. Üblich ist jedoch eine mehrkanalige (zwei-kanalige) Messung, um entweder in beiden Räumen gleichzeitig zu messen oder eine zeit-sparende Pegelmittelung bei Mikrofoneinzel-positionen vornehmen zu können. In diesem Fall müssen die Messkanäle kalibriert werden. Nach DIN 4109-4 muss dann durch elektrische oder rechnerische Korrekturen die Übereinstimmung der Übertragungsfaktoren im gesamten relevan-ten Frequenzbereich sichergestellt werden. Nach ISO 10140-5 ist das gesamte Messsystem vor jeder Messung mit einem Schallkalibrator der Klasse 1 nach IEC 942 (neuerdings: DIN EN 60942) zu kalibrieren. Für Schallpegelmesser, die für Messungen im Schallfeld einer ebenen Welle kalibriert wurden, muss eine Diffusfeldkorrektur angewendet werden. Die Überprüfung der Mess-strecke mithilfe eines geeigneten Kalibrators ist eine wesentliche Maßnahme zur Kontrolle der Funktionsfähigkeit. Ausführliche Angaben zur Kalibrierung von Mikrofonen werden in Kap. 4 in [191] gegeben. Da für die frequenzabhängige Messung eine Terzfilterung vorgesehen ist,

müssen Terzfilter vorhanden sein, die die Anforderungen nach IEC 225 (neuerdings: DIN EN 61260) erfüllen. Messeinrichtungen zur Mes-sung der Nachhallzeit müssen den in ISO 3382 spezifizierten Anforderungen genügen.

Gemäß DIN 4109-4, wo messtechnische Fest-legungen für die Durchführung bauakustischer Eignungs- und Güteprüfungen für Nachweise nach DIN 4109 getroffen werden, wird eine regelmäßige Überprüfung der Geräte durch das Messpersonal gefordert. Zusätzlich wird auf die Möglichkeit hingewiesen, die gesamte Apparatur anhand von Schallschutz-Vergleichsmessungen nach den Richtlinien der Physikalisch-Techni-schen Bundesanstalt zu überprüfen (siehe nach-folgende Ausführungen).

Anforderungen an die elektroakustischen Leistungsmerkmale von Schallpegelmessern werden in DIN EN 61672-1 formuliert, u. a. für Richtcharakteristik, Frequenz-bewertung, Pegellinearität, Zeitbewertung, Tonimpulsantwort und den Einfluss der Umgebungsbedingungen. Prüfvorschriften für Baumusterprüfungen zur Prüfung der elektro-akustischen Leistungsmerkmale enthält DIN EN 61672-2. Behandelt werden dort Schallpegelmesser der Klasse 1 und 2, die sich hinsichtlich der einzuhaltenden Grenz-abweichungen für die elektroakustischen Eigenschaften unterscheiden. Ein Schallpegel-messer, der als Schallpegelmesser der Klasse 1 oder Klasse 2 ausgewiesen wird, muss alle verpflichtenden Festlegungen für Klasse 1 bzw. Klasse 2 erfüllen, die in DIN EN 61672-1 ent-halten sind. Bei der Kalibrierung ist für einen Schallpegelmesser der Klasse 1 ein Schall-kalibrator der Klasse 1, für einen Schallpegel-messer der Klasse 2 ein Schallkalibrator der Klasse 1 oder Klasse 2 nach IEC 60942 (DIN EN 60942) zu verwenden. Für festgelegte Kombinationen eines Mikrofons, Schallpegel-messers und Schallkalibrators sind frequenz-abhängige Korrekturdaten anzugeben.

Bei Bedarf ist eine Kalibrierung der Geräte im Rahmen einer Akkreditierung eines Prüf-labors nach DIN EN ISO 17025 und eines Qualitätsmanagementsystems gemäß ISO 9001 erforderlich, wobei die Rückführbarkeit der

Messnormale auf nationale oder internationale Normale nachzuweisen ist.

Die Eichung von Schallpegelmessern ist nach [51] erforderlich, „wenn sie im Bereich des Arbeits- oder Umweltschutzes zum Zwecke der Durchführung öffentlicher Überwachungsaufgaben, der Erstattung von Gutachten für staatsanwaltschaftliche oder gerichtliche Verfahren, Schiedsverfahren oder für andere amtliche Zwecke oder der Erstattung von Schiedsgutachten verwendet werden." Näheres regelt Anlage 21 der Eichordnung.

Ein wesentliches Element der Qualitätssicherung für bauakustische Messungen sind in Deutschland Schallschutz-Vergleichsmessungen, die nach den Richtlinien der Physikalisch-Technischen Bundesanstalt (PTB) [52] durchgeführt werden. Sie betreffen solche Prüfstellen, die für die Erteilung allgemeiner bauaufsichtlicher Prüfzeugnisse für den Nachweis des Schallschutzes im bauaufsichtlichen Verfahren tätig sind. Außerdem werden diese Richtlinien beim Verfahren zur Aufnahme in eine vom Verband der Materialprüfungsämter e. V. (VMPA) geführte Liste herangezogen, in der sachverständige Prüfstellen für die Durchführung von Güteprüfungen nach DIN 4109 – Schallschutz im Hochbau verzeichnet sind. Im Rahmen der Vergleichsmessungen werden an die Geräte u. a. folgende Anforderungen gestellt:

- Das Norm-Hammerwerk muss den Vorgaben nach ISO 10140-5 entsprechen. Ein Kurztest bei der Vergleichsmessung überprüft Fallhöhe, Fallgeschwindigkeit, Schlagfolge und Krümmungsradius der Hämmer.
- Der Schallpegelmesser muss den Anforderungen IEC 61672 für Schallpegelmesser der Klasse 1 oder 0 entsprechen.
- Korrekturen für Terzfilter sind zu ermitteln.
- Der einzustellende Kalibrationswert der Schallpegelmessanlage und deren Frequenzgang müssen bei Trittschalldämmungs- und bei zweikanalig durchgeführten Luftschalldämmungs-Messungen berücksichtigt werden. Die Werte müssen den Messprotokollen der Eichämter entnommen werden.

- Diffusfeldkorrekturen für alle bauartgeprüften Mikrofontypen werden bei der Prüfung bereitgehalten.
- Die Lautsprecher müssen die Anforderungen nach ISO 10140-5 erfüllen.

Weitere Einzelheiten sind der Richtlinie zu entnehmen.

Signale und Schallquellen zur Schallfeldanregung
Die Erzeugung des Schallfeldes im Senderaum muss im gesamten bauakustischen Frequenzbereich erfolgen. Dazu werden breitbandige Signale verwendet, deren Frequenzspektrum den interessierenden Frequenzbereich abdeckt. Breitbandige Spektren können auf unterschiedliche Art und Weise realisiert werden. In den klassischen Verfahren werden dazu Zufallsrauschen oder Impulse (idealerweise als Dirac-Stoß betrachtet) verwendet, die das geforderte breitbandige Verhalten aufweisen. Als neue Verfahren für bau- und raumakustische Anwendungen sind seit einiger Zeit als deterministische Signale auch Gleitsinus (Sweep-Verfahren) und Pseudozufallsrauschen (MLS-Technik) durch ISO 18233 zugelassen worden. Die Signale und deren Eigenschaften werden detailliert in Abschn. 10.1 und Kap. 12 in [192] behandelt. Die nachfolgenden Ausführungen beziehen sich auf die Anregung mit statistischen Rauschsignalen.

Aus den bereits diskutierten Eigenschaften des Schallfeldes ergibt sich, dass auch die Schallfeldanregung im Senderaum so beschaffen sein muss, dass sich möglichst diffuse Schallfeldverhältnisse ergeben. Dazu muss ein breitbandiges Signal verwendet werden, damit möglichst viele Eigenmoden des Raumes innerhalb eines bestimmten Frequenzbandes angeregt werden können. Nach ISO 10140-5 wird ein stationäres Rauschsignal mit kontinuierlichem Spektrum im betrachteten Frequenzbereich verwendet, das zu einer statistischen Anregung der im Frequenzband vorhandenen Resonanzen führt. Das Signal kann als Breitbandrauschen, das den bauakustischen Messbereich „parallel" abdeckt oder als bandgefiltertes

Rauschen, das mindestens Terzbandbreite hat und den bauakustischen Frequenzbereich „seriell" abdeckt, abgestrahlt werden. Das Sendesignal muss im gesamten Frequenzbereich so stark sein, dass das im Empfangsraum messbare Signal noch ausreichend über dem Störgeräusch liegt (siehe hierzu Abschn. 4.5.1 „Fremdgeräuschkorrektur"). Zur Erzielung ausreichend hoher Sendepegel im Bereich hoher Frequenzen, wo i. d. R. hohe Schalldämm-Maße vorliegen, empfiehlt sich weißes Rauschen, bei dem die spektrale Leistungsdichte im gesamten Frequenzbereich konstant ist und deshalb in Frequenzbändern gleicher relativer Bandbreite der Sendepegel konstant mit der Frequenz um 3 dB pro Oktave ansteigt. Falls in einzelnen Frequenzbändern Störgeräuschprobleme auftreten, kann die Sendeleistung im betroffenen Frequenzband durch bandgefiltertes Rauschen erhöht werden. Für bestimmte Situationen kann statt eines weißen Rauschens auch rosa Rauschen (spektrale Leistungsdichte abnehmend mit $1/f$ und konstante Pegel in allen Terz- oder Oktavbändern) oder rotes Rauschen (spektrale Leistungsdichte abnehmend mit $1/f^2$ und abfallende Pegel in Terz- oder Oktavbändern mit einem Pegelabfall von 3 dB pro Oktave) sinnvoll sein.

Als Schallquellen werden Lautsprecher verwendet, an die in ISO 10140-5 und ISO 3382 ebenfalls Anforderungen gestellt werden. Ziel ist eine allseitig gleichmäßige Abstrahlung (Kugelcharakteristik) zur Erzielung eines Schallfeldes mit möglichst gleichmäßiger Schallverteilung. Die geforderte Richtcharakteristik ist nach den Vorgaben der ISO 10140-5 zu überprüfen. Die dort genannten Toleranzen, die frequenzabhängig formuliert werden, sind einzuhalten. Eine feste normative Vorgabe, wie die ungerichtete Abstrahlung technisch realisiert wird, gibt es nicht. Lautsprecher in Polyeder-Anordnung, vorzugsweise mit 12 Lautsprechern als Dodekaeder (siehe Abb. 24), werden jedoch als eine ausreichende Annäherung an eine allseitig ungerichtete Abstrahlung betrachtet. Nach DIN 4109-4 sind die Anforderungen an die Lautsprecher

Abb. 24 Lautsprecher in Dodekaederform für bau- und raumakustische Messungen. (Bild: Norsonic)

entweder durch Typprüfung oder Einzelprüfung nachzuweisen.

Maßnahmen zur Minimierung von Einflüssen nicht ideal diffuser Schallfelder
Die „klassischen" Messmethoden der Bauakustik setzen diffuse Schallfelder voraus. Viele messtechnische Vorgaben resultieren allerdings aus der Tatsache, dass in der Praxis diese Bedingungen nicht hinreichend erfüllt sind und deshalb Vorkehrungen zur Minimierung der möglichen Fehler getroffen werden müssen. Dazu kommen folgende grundsätzliche Maßnahmen infrage, die nachfolgend erläutert werden:

1. Konditionierung der Schallfelder (siehe Abschn. 4.3.2 *„Modale Effekte bei der Messung der Schalldämmung"*) mit Vorgaben zu Volumina und Geometrie der Messräume, geeigneter Bedämpfung, Erhöhung der Diffusität durch Anbringen von Diffusoren.
2. Maßnahmen bei der Anregung des Schallfeldes (Abstrahleigenschaften der Schallquelle, Anzahl der Quellpositionen, Abstandsregeln).
3. Maßnahmen bei der Abtastung des Schallfeldes (Abstandsregeln, räumliche Mittelung)
4. Modifikation des bestehenden bzw. Verwendung anderer Messverfahren

*Abweichungen   von   einer   konstanten
Pegelverteilung*

Abweichungen vom Diffusfeld und mögliche Maßnahmen wurden bereits zuvor in
Abschn. 4.3.2 (*„Modale Effekte bei der Messung der Schalldämmung"*) hinsichtlich der zu
geringen Modendichte in zu kleinen Räumen
bzw. bei zu tiefen Frequenzen diskutiert. Weitere
Effekte kommen dazu, die die vorausgesetzte
gleichmäßige Schallverteilung in den Räumen
infrage stellen. Der sogenannte Waterhouse-
Effekt [53] berücksichtigt, dass die Schallenergie in der Nähe der Raumberandungen
zunimmt. Zwar wird in den genormten Messverfahren der ISO 10140 und der ISO 16283
dafür gesorgt, dass bei der Pegelmittelung im
Raum solche Randbereiche ausgeschlossen
werden. Als Problem bleibt jedoch, dass bei der
Ermittlung der äquivalenten Absorptionsfläche
über die Nachhallzeit das Raumvolumen mit
dem sogenannten Waterhouse-Term zu korrigie-
ren wäre. Das wird jedoch in den aktuellen bauakustischen Messnormen nicht berücksichtigt,
sodass tendenziell, vor allem bei tiefen Frequenzen, zu hohe Schalldämm-Maße ermittelt werden. Wie die Waterhouse- Korrektur auch bei der
Messung der Schalldämmung Berücksichtigung
finden kann, wird in [54] gezeigt.

Als weiterer Effekt ist der Einfluss des
Direktfeldes in der Nähe der Schallquelle zu
beachten. Auch wenn sich in geschlossenen
Räumen ein diffuses Schallfeld ausbildet, nimmt
der Schallpegel zuerst einmal mit wachsendem
Abstand von der Quelle ab, bei einer Kugel-
quelle mit 6 dB pro Entfernungsverdoppelung.
In der Nähe der Quelle überwiegt noch dieser
Direktfeldanteil. Erst wenn der Abstand groß
genug ist, geht der Schallpegel in den konstan-
ten Pegel des Hallfeldes (Diffusfeldes) über. Der
Gesamtpegel ergibt sich aus der Summe von
Direktfeld- und Diffusfeldpegel. Aus der Gleich-
setzung beider Beiträge wird der sogenannte
Hallradius r_g bestimmt, der den Übergang vom
Direktfeld ins Diffusfeld beschreibt (siehe
Abb. 25). Er wird für eine frei in den Raum
abstrahlende Kugelquelle mithilfe der äqui-
valenten Absorptionsfläche A über

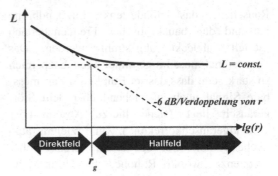

Abb. 25 Schallpegel im Raum: Direktfeld, Hallfeld und
Hallradius r_g

$$r_H = \sqrt{\frac{A}{16\pi}} \approx \frac{1}{7}\sqrt{A} \qquad (75)$$

berechnet.

Messungen im Diffusfeld setzen also voraus,
dass außerhalb des Hallradius gemessen wird.

Als Vorgabe für Messungen unter möglichst
gut angenäherten Diffusfeldbedingungen ergibt
sich aus den genannten Einflüssen, dass nicht
zu nahe an der Quelle und den Raumberandungen gemessen werden darf. Die messtechnische
Umsetzung dieser und einiger weiterer daraus
folgenden Vorgaben wird nachfolgend erläutert.

Anregung des Schallfeldes im Senderaum

In einem Raum mit idealen Diffusfeldbedingungen wäre zur Anregung des Schallfeldes keine Vorgabe für den Schallquellenort
erforderlich. Die abnehmende Modendichte zu
tieferen Frequenzen hin bewirkt allerdings, dass
es vom Ort der Schallquelle abhängt, welche
Raummoden wie stark angeregt werden können.
Das Schallfeld und damit auch das gemessene
Schalldämm-Maß hängen in diesem Frequenzbereich also von der Lautsprecherposition ab.
Zur Minderung dieses Einflusses werden in ISO
10140 für alle mit Lautsprecheranregung durchgeführten Messungen mehrere Lautsprecherstandorte gefordert. Werden Einzelpositionen
verwendet, dann sind mindestens zwei Standorte vorgeschrieben, die auch auf beide Messräume verteilt werden können. Alternativ kann
auch mit kontinuierlich bewegten Lautsprechern

gemessen werden. Die Bahn des Lautsprechers muss dann mindestens 1,6 m lang sein. Verfahren zur Validierung geeigneter Lautsprecherstandorte und zur Festlegung der benötigten Anzahl werden für Labormessungen in ISO 10140-5 vorgegeben. Der Grundgedanke dieser Validierungsmethode besteht darin, dass die mit einer großen Anzahl von gleichmäßig im Raum verteilten Standorten gemessene Schalldämmung durch eine Mindestanzahl von Standorten möglichst gut angenähert wird. Bei der Auswahl unterschiedlicher Standorte ist eine dreidimensionale Verteilung zu beachten. Die Positionierungen auf nur einer Ebene im Raum ist nicht hinreichend. Der Abstand zu den Raumberandungsflächen muss mindestens 0,7 m betragen. Die Lautsprecherpositionen sollen mindestens 0,7 m auseinanderliegen, falls nur zwei Lautsprecher verwendet werden, sogar 1,4 m. Ein vergleichbares Qualifikationsverfahren kann auch für die Bahnen kontinuierlich bewegter Lautsprecher angewendet werden.

An den modalen Eigenschaften des Schallfeldes orientiert sich ein Ansatz, der den Lautsprecher in einer Raumecke positioniert. Vorgegeben durch die Randbedingungen besitzen die stehenden Wellen an den Raumberandungen ein Schalldruckmaximum. In den Ecken herrscht somit die beste Anregemöglichkeit für die Raumresonanzen. So wird in ISO 16283-1 für Messungen der Schalldämmung in Gebäuden insbesondere für kleine Räume, die eine geringe Modendichte aufweisen, auch die Eckposition als vorteilhaft in Betracht gezogen. Das alternative Verfahren für die Messung der Schalldämmung bei tiefen Frequenzen nach ISO 15186-3 sieht für Einzelpositionen der Lautsprecher die Eckposition sogar als obligatorisch vor. Hier ist der Zusammenhang zu den angestrebten Verbesserungen im tieffrequenten Bereich unmittelbar erkennbar [55].

Da die vorausgesetzten Diffusfeldbedingungen auch für die Anregung des Prüfgegenstandes gelten, darf dieser (im Idealfall) nicht dem Direktfeld der Schallquelle ausgesetzt sein. In ISO 10140-2 und ISO 16283-1 wird deshalb gefordert, dass der Lautsprecher sich in einem solchen Abstand vom Prüfgegenstand befindet, „dass die direkte Abstrahlung nicht … dominant ist". Dieser Abstand wird dann in ISO 140-3 für Labormessungen durch

$$d > 0,1\sqrt{\frac{V}{\pi T}} \qquad (76)$$

präzisiert. Mit dem Raumvolumen V in m^2 und der Nachhallzeit T in s ist das nichts anderes als der in Gl. (75) genannte Hallradius, wenn über die Sabinesche Formel A durch T ersetzt wird. In einem Messraum von 50 m^2 und einer Nachhallzeit $T = 2$ s ergäbe sich nach dieser Vorgabe ein Mindestabstand von 0,28 m, ein Messraum mit 100 m^2 und $T = 1$ s oder ein Wohnraum mit 50 m^2 und $T = 0,5$ s ergäben mindestens 0,56 m.

Um die Ermittlung der benötigten Abstände für die jeweilige Messung zu vermeiden, wurde in der zurückgezogenen DIN 52210-1 (Abschn. 4.2) für Labormessungen pragmatisch $d \geq 2$ m als unter üblichen Bedingungen zutreffender Abstand angegeben.

Wenn die Schalldämmung einer Decke gemessen werden soll, dann ist die Messung vorzugsweise von unten nach oben durchzuführen, damit zum Trennbauteil ein ausreichend großer Lautsprecherabstand eingehalten werden kann.

Bei Messungen in Gebäuden findet die Schallübertragung nicht ausschließlich über das trennende Bauteil zwischen zwei Räumen statt. Angesichts der möglichen Beteiligung der Flankenbauteile (Wände, Fußböden, Decken) ist dafür zu sorgen, dass auch diese sich möglichst außerhalb des Direktfeldes befinden. Die Abstandsbedingungen sind auch für solche Bauteile anzuwenden. Dies kann unter den realen baulichen Verhältnissen, insbesondere bei kleinen Räumen, allerdings zu Konflikten führen, die dann vor Ort pragmatisch gelöst werden müssen.

Abtastung des Schallfeldes – Messung des mittleren Schalldruckpegels im Raum
Die in der Messgleichung Gl. (29) benötigten Schallpegel L_1 und L_2 sind als Repräsentanten eines Diffusfeldpegels zu verstehen. Angesichts der unvollständig erfüllten

Diffusfeldbedingungen kann dies nur ein durch geeignete räumliche Mittelung zustande gekommener Pegel sein, der versucht, den als konstant angenommenen Diffusfeldpegel im realen inhomogenen Schallfeld so gut wie möglich anzunähern. Da die Art der Mittelung maßgebend für das erzielte Messergebnis ist, werden in den Regelwerken detaillierte Vorgaben zur Pegelmittelung gemacht. Die benötigte Größe ist der räumliche (und zeitliche) Mittelwert der Schalldruckquadrate bzw. der Schalldruckpegel, für die eine energetische Pegelmittelung durchgeführt wird. Die räumliche Mittelung hat über den gesamten Raum zu erfolgen, ausgenommen die Bereiche, in denen das resultierende Schallfeld vom Direktfeld des Lautsprechers oder vom Nahfeld der Raumbegrenzungen deutlich beeinflusst wird.

Nach ISO 10140-4 wird der bereits in Gl. (76) geforderte Abstand auch für den Abstand der Mikrofonpositionen vom Lautsprecher angesetzt. Somit gilt auch hier, dass mindestens der Hallradius als Abstand eingehalten werden muss. Für die praktische Anwendung werden darüber hinaus in ISO 10140-2 für Labor- und in ISO 16283-1 für Baumessungen Mindestabstände vorgegeben, die auf jeden Fall einzuhalten sind (siehe Abb. 26).

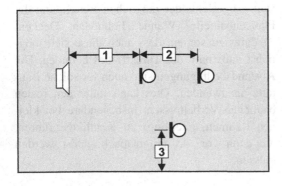

Abb. 26 Mindestabstände bei Messungen der Schalldämmung 1) zwischen Lautsprecher und Mikrofonen: d > 1,0 m 2) zwischen den Mikrofonpositionen: d > 0,7 m 3) zwischen Mikrofonposition und Raumberandungen: d > 0,7 m für Labormessungen d > 0,5 m für Baumessungen außerdem für Labormessungen: d > 1,0 m zwischen Prüfgegenstand und Mikrofonen

Obwohl nicht für die Messung der Schalldämmung, sondern speziell für Nachhallmessungen vorgesehen, sollen hier auch die Vorgaben aus ISO 3382 genannt werden, da diese dort auch begründet werden. Zur Vermeidung eines zu starken Direktfeldeinflusses auf die Mikrofone wird dort

$$d \geq 2\sqrt{\frac{V}{cT}} \qquad (77)$$

gefordert, wobei V das Raumvolumen in m^2, c die Schallgeschwindigkeit in m/s und T die Nachhallzeit in s ist. Auch diese Vorgabe ist sofort einsichtig, wenn der in Gl. (75) definierte Hallradius herangezogen wird: der Abstand soll etwa dem doppelten Hallradius entsprechen. Die Mikrofonpositionen sollen untereinander mindestens eine halbe Wellenlänge auseinander liegen, was bei 100 Hz einem Abstand von etwa 1,70 m entspricht. Eine Viertel-Wellenlänge wird als Abstand der Mikrofone zu den Raumberandungen vorgesehen, also etwa 0,85 m bei 100 Hz.

Für die räumliche Mittelung kommen nach ISO 10140-2 und ISO 16283-1 verschiedene Möglichkeiten in Betracht: punktweise (serielle) Abtastung mit einem Einzelmikrofon an verschiedenen Orten, punktweise (parallele) Abtastung mehrerer feststehender Mikrofone oder ein kontinuierlich bewegtes Mikrofon entlang einer bestimmten Bahn.

Da es eine zeitsparende Methode zur Pegelmittelung darstellt, wird häufig ein kontinuierlich bewegtes Mikrofon verwendet, in der Regel mittels eines Schwenkarms auf einer Kreisbahn (siehe Abb. 27). Der gemittelte Pegel L ergibt sich dafür aus

$$L = 10\lg\left(\frac{\frac{1}{T_m}\int_0^{T_m} p^2(t)\,dt}{p_0^2}\right) \quad \text{dB} \quad (78)$$

mit

p Schalldruck in Pa
$p_0 = 20\,\mu\text{Pa}$ Bezugsschalldruck
T_m Integrationszeit in s

Abb. 27 Mikrofon-Schwenkanlage. (Bild: Norsonic)

Werden bei punktweiser Abtastung des Schallfeldes n einzelne Mikrofonpositionen verwendet, dann ergibt sich der gemittelte Schallpegel L im Raum aus den einzelnen Schalldruckpegeln L_i mit

$$L = 10\lg\left(\frac{1}{n}\sum_{i=1}^{n}10^{L_i/10}\right)\quad \text{dB}\quad (79)$$

Die punktweise Abtastung ist in kleinen Räumen oft die einzige Möglichkeit, wenn die vorgegebenen Mindestabstände eingehalten werden sollen und dies mit Drehmikrofonen nicht realisiert werden kann.

Zur Bildung des geforderten zeitlichen Mittelwertes ist eine ausreichend lange Messdauer erforderlich. ISO 10140-4 und ISO 16283-1 sehen in den Frequenzbändern zwischen 100 Hz und 400 Hz eine Mittelungsdauer von mindestens 6 s und darüber von mindestens 4 s vor und darunter von mindestens 15 s. Bei bewegten Mikrofonen muss bei der Messung eine ganze Anzahl von Bahnumläufen erfasst werden, für Frequenzbänder über 100 Hz mindestens jedoch 30 s und für Frequenzbänder unter 100 Hz mindestens 60 s.

Falls Einzelpositionen verwendet werden, sind diese im zulässigen Bereich möglichst gleichmäßig zu verteilen. Bei Labormessungen nach ISO 10140-2 muss an mindestens 5 verschiedenen Orten gemessen werden. Bei Baumessungen nach ISO 16283-1 wird darüber hinaus explizit vorgeschrieben, dass pro Lautsprecherposition jeweils mindestens 5 Messorte zu verwenden sind, sodass sich insgesamt

mindestens 10 Einzelmessungen ergeben. Bei bewegten Mikrofonen soll für Labormessungen der Bahnradius mindestens 1 m und bei Baumessungen mindestens 0,7 betragen. Die Bahnebene soll nicht in parallelen Ebenen zu den Raumflächen liegen, sondern gegenüber diesen um mindestens 10° geneigt sein. In [56] wird zur Erzielung einer wirklich vollständigen räumlichen Abtastung sogar ein Bahnradius von mindestens 1,5 m mit einer Neigung von nahe 45° vorgeschlagen. Für Baumessungen nach ISO 16283-1 werden explizit mindestens 2 Messabläufe mit dem Drehmikrofon vorgeschrieben, z. B. jeweils eine pro Lautsprecherposition.

Modifizierte und alternative Messverfahren bei tiefen Frequenzen

Zur Minderung der messtechnischen Probleme bei tiefen Frequenzen aufgrund nicht diffuser Schallfeldverhältnisse können verschiedene Maßnahmen eingesetzt werden. Ein nahe liegender Ansatz sieht vor, dass im Rahmen des üblichen Verfahrens ein höherer Aufwand bei der Anregung und Abtastung des Schallfeldes betrieben wird, um zu einer statistisch sichereren Aussage für die gemessenen Mittelwerte der Schalldruckpegel zu gelangen. Eine „Anleitung für Messungen in den unteren Frequenzbändern" in ISO 10140-4 und ISO 16283-1 sieht deshalb für den Frequenzbereich unterhalb etwa 400 Hz folgende Maßnahmen vor:

- Erhöhung der Mindestabstände zu den Raumberandungen und zum Prüfgegenstand bis auf den doppelten Wert der üblichen Vorgabe.
- Erhöhung der Anzahl der Mikrofonpositionen.
- Erhöhung der Anzahl der Lautsprecherpositionen, vorzugsweise Messung mit kontinuierlich bewegtem Lautsprecher.
- Erhöhung der Mittelungszeit auf etwa den dreifachen Wert der üblichen Vorgabe.
- Erhöhung der Modenüberlappung (Modal overlap) durch Bedämpfung der Raumresonanzen mit im Raum verteilten Tiefenabsorbern.

Weitere Einzelheiten sind ISO 10140-4 und ISO 16283-1 zu entnehmen.

Als alternatives Verfahren wird in ISO 15186-3 die Intensitätsmesstechnik, zusammen mit einigen weiteren Modifikationen des Standardverfahrens, zur Bestimmung der abgestrahlten Schallleistung im Empfangsraum angewendet. Dieses Verfahren ist für Schalldämmungsmessungen im Frequenzbereich von 50 bis 160 Hz vorgesehen und führt zu einer deutlichen Verbesserung der Reproduzierbarkeit der Messergebnisse gegenüber dem herkömmlichen Verfahren.

Fremdgeräuschkorrektur

Das der Schalldämm-Messung zugrunde gelegte Messsignal für den Schalldruckpegel enthält außer dem eigentlich gewünschten Signal aus der Luftschallübertragung über den Prüfgegenstand weitere, unerwünschte Signalanteile, die als Fremdgeräusch bezeichnet werden. Dieses kann sich zusammensetzen aus Geräuschen, die von außen in den Messraum übertragen werden, aus elektrischem Rauschen im Übertragungssystem und aus elektrischem Übersprechen zwischen Sende- und Empfangskette. Wenn der Abstand zwischen Nutz- und Störsignal zu klein wird, wird der Gesamtpegel vom Störsignal mit bestimmt. Im Senderaum ist das angesichts der hohen, vom Lautsprecher erzeugten Schalldruckpegel kein Problem. Im Empfangsraum dagegen, insbesondere bei hoch schalldämmenden Prüfgegenständen, muss die aktuelle Situation überwacht werden. Bei ungenügendem Abstand zum Störgeräusch würde die gemessene Schalldämmung zu gering bestimmt. Bei Bedarf ist der gemessene Empfangsraumpegel deshalb vom Störeinfluss zu bereinigen. Regelungen für die Durchführung der Korrektur bei Messungen in Prüfständen enthält ISO 10140-4. Falls das Gesamtsignal in den einzelnen Frequenzbändern mindestens 15 dB über dem Störsignal liegt, kann auf eine Korrektur verzichtet werden, da die Verfälschung des Messwertes nicht mehr merkbar ins Gewicht fällt. Beträgt der Unterschied dagegen nur 6 bis 15 dB, ist in den betreffenden Frequenzbändern eine rechnerische Fremdgeräuschkorrektur nach folgender Beziehung durchzuführen:

$$L = 10 \lg \left(10^{L_{sb}/10} - 10^{L_b/10} \right) \qquad (80)$$

Dabei ist L der korrigierte Signalpegel, L_{sb} der Gesamtpegel der Summe aus Signal und Fremdgeräusch und L_b der Fremdgeräuschpegel. Wenn nur noch 6 dB oder weniger als Störgeräuschabstand erreicht werden, wird eine rechnerische Korrektur zu unsicher. In diesem Fall wird dann der für den Fremdgeräuschabstand von 6 dB geltende Korrekturwert von 1,3 dB angesetzt und der im betreffenden Frequenzband ermittelte Pegelwert als Messgrenze kenntlich gemacht. Die Fremdgeräuschkorrektur bei Baumessungen nach ISO 16283-1 folgt demselben Prinzip. Allerdings muss eine Korrektur erst dann durchgeführt werden, wenn der Störgeräuschabstand kleiner als 10 dB wird.

Ein grundlegendes Problem der beschriebenen Fremdgeräuschkorrektur besteht darin, dass nicht der tatsächlich bei der Messung vorliegende Störpegel sondern ein davor oder danach gemessener Wert herangezogen wird. Es empfiehlt sich deshalb, nicht nur bei kritischen Messumständen, stets eine gehörmäßige Kontrolle der Verhältnisse im Empfangsraum, um aktuelle Störungen erkennen zu können. Ein anderer Ansatz zur Berücksichtigung der Störgeräusche ergibt sich bei alternativen Methoden zur Schalldämmungsmessung, die mit deterministischen Signalen (MLS- Signal oder Sinus-Sweep) und der Ermittlung von Impulsantworten arbeiten. Dort können die zum Zeitpunkt der Messung vorliegenden Störgeräusche berücksichtigt werden und es lässt sich noch bei wesentlich ungünstigeren Störsignalverhältnissen ein gültiges Messergebnis erzielen.

Meteorologische Einflüsse auf die Schalldämmungsmessung

Bereits in Abschn. 4.3.1 („*Einfluss der Umgebungs- und Betriebsbedingungen*") wurde darauf hingewiesen, dass die Umgebungsbedingungen die schalltechnischen Eigenschaften der Prüfobjekte beeinflussen können. Nun lässt sich aber auch zeigen, dass die Messung der Schalldämmung selbst von meteorologischen Einflüssen mit bestimmt wird. In [57] wird die Rolle des (statischen) Luftdrucks und der Temperatur untersucht. Anhand theoretischer Betrachtungen, die durch experimentelle Ergebnisse bestätigt werden, ergibt sich dort für das gemessene Schalldämm-Maß R_{mess} eine Korrektur

$$\Delta R = R_{\mathrm{mess}} - R_N \qquad (81)$$

gegenüber dem bei Referenzbedingungen gemessenen Schalldämm-Maß R_N, die daraus resultiert, dass sich die Schallkennimpedanz ρc mit Luftdruck und Temperatur ändert. Die Korrektur lässt sich mit

$$\Delta R = -20 \lg \left[\frac{(\rho c)_{\mathrm{mess}}}{(\rho c)_N} \right]$$
$$= -20 \lg \left[\frac{B_{\mathrm{mess}}}{B_N} \sqrt{\frac{T_N}{T_{\mathrm{mess}}}} \right] \quad \mathrm{dB} \qquad (82)$$

bestimmen, wenn $(\rho c)_{\mathrm{mess}}$ die Schallkennimpedanz, B_{mess} der statische Luftdruck und T_{mess} die absolute Temperatur bei den vorliegenden Messbedingungen und $(\rho c)_N$, B_N und T_N die entsprechenden Größen unter Referenzbedingungen sind. Während der Temperatureinfluss bei Labormessungen vernachlässigbar ist, nimmt die Schalldämmung bei einer Änderung von Meereshöhe auf eine Höhe von 1000 m um ca. 1 dB zu. In [57] wird deshalb der Bezug des gemessenen Schalldämm-Maßes auf Referenzbedingungen ($B_N = 980$ hPa und $T_N = 293$ K) vorgeschlagen.

4.5.2 Messung der Nachhallzeit

Alle bauakustischen Messverfahren, die im Labor oder im Bau nach dem Prinzip des Zweiraumverfahrens arbeiten und alle Messungen, bei denen Immissionspegel in Räumen bestimmt werden, benötigen zur Charakterisierung der raumakustischen Eigenschaften die Nachhallzeit der Empfangsräume. Sie ist damit eine wesentliche Größe der bauakustischen Messtechnik.

Methodische Grundlagen
Die theoretischen Hintergründe der Nachhallzeit und ihrer Messung haben sich in umfangreicher Literatur niedergeschlagen. Im vorliegenden Zusammenhang sei auf die Darstellungen an anderen Stellen dieses Buches verwiesen. Ausführlich wird im Kap. 3 auf die Messung der Nachhallzeit im raumakustischen Zusammenhang eingegangen. Dort werden auch die grundlegenden Ansätze der Impulsmessverfahren (MLS u. a.) ausführlich dargestellt. Insbesondere sei auf Kap. A.1 verwiesen, das einige grundlegende Erläuterungen zur Nachhallzeit enthält. Genannt seien auch die Ausführungen in [192] auf die Maximalfolgen (MLS) eingegangen wird. Es genügt also an dieser Stelle, nur auf einige praktische Aspekte bei der Nachhallzeitmessung einzugehen.

Zur Normungssituation
Währen die Nachhallzeit in der Raumakustik eine wesentliche Größe zur Beurteilung der raumakustischen Eigenschaften und zur raumakustischen Dimensionierung von Räumen darstellt, hat sie in der Bauakustik nur eine „unterstützende" Funktion: sie soll lediglich eine quantitative Berücksichtigung der Raumeigenschaften unter der Annahme diffuser Schallfelder ermöglichen, so wie es sich z. B. aus der Herleitung der Messgleichung (29) für die Schalldämmung ergibt.

Diese Situation hat auf Normungsebene dazu geführt, dass für die raumakustischen Anwendungen mit ISO 3382 ein eigenes Regelwerk zur Messung der Nachhallzeiten entstanden ist, während die Bauakustik sich mit den Angaben aus einer anderen Messnorm – ISO 354 zur Messung der Schallabsorptionsgrade im Hallraum – begnügt. Traditionell war in der Bauakustik die Methode des abgeschalteten Rauschens das übliche Messverfahren. In den ambitionierteren Anwendungsbereichen der Raumakustik wurden dagegen auch andere Methoden in Betracht gezogen, die auf dem Verfahren der integrierten Raumantwort beruhen. Mittlerweile hat ISO 354 auch dieses Verfahren in seinen Anwendungsbereich aufgenommen. Um den gesamten Bereich der Nachhallzeitmessung in einem einheitlichen Regelwerk darzustellen, wurde vereinbart, die ISO 3382 in zwei Teilen herauszugeben. Der erste Teil beschäftigt sich mit Aufführungsräumen, wobei neben der Nachhallzeit auch andere raumakustische Parameter behandelt werden. Der zweite Teil deckt die Messung der Nachhallzeit „in gewöhnlichen Räumen" ab. Die dort genannten Angaben können dann auch für bauakustische Messungen herangezogen werden. Das ist allerdings auf Normungsebene noch umzusetzen.

Messtechnisches Vorgehen
Außer der Pegelmessung erfordert die Ermittlung des Schalldämm-Maßes nach Gl. (29) auch die messtechnische Bestimmung der äquivalenten Absorptionsfläche A, die über die Sabinesche Formel

$$A = 0{,}16 \frac{V}{T} \qquad (83)$$

mit der gemessenen Nachhallzeit verknüpft ist. Bei der Messung der Standard- Pegeldifferenz D_{nT} nach Gl. (34) wird die Nachhallzeit unmittelbar als Messgröße herangezogen. Die Erläuterungen zur Messung der Nachhallzeit sind in allen bauakustischen Messnormen ausgesprochen knapp gehalten. Im Wesentlichen ist es der Verweis auf die Vorgaben der ISO 354, die bei der Messung der Nachhallzeit für alle bauakustischen Anwendungsbereiche herangezogen werden soll. Dort werden alternativ die Methoden mit abgeschaltetem Rauschen oder mit integrierter Impulsantwort vorgesehen. Im ersten Fall werden die Abklingkurven durch direkte Aufzeichnung des Pegelabfalls nach dem Abschalten der Schallquelle ermittelt. Der Raum wird dabei mit Breitbandrauschen oder bandbegrenztem Rauschen angeregt. Im zweiten Fall wird die Raumimpulsantwort ermittelt, wobei dafür auf unterschiedliche Verfahren zurückgegriffen werden kann (Anregung mit realen Impulsen, MLS-Signalen, Sinus-Sweep/ Chirp). Die Abklingkurven ergeben sich durch Rückwärtsintegration der quadrierten Impulsantworten. Ein Vergleich der messtechnischen Wiederholbarkeit der unterschiedlichen Methoden zur Nachhallzeitmessung findet sich in [58].

ISO 354 sieht für beide Fälle mindestens 12 räumlich von einander unabhängige Messungen vor. Dafür sind mindestens 3 Mikrofonpositionen und mindestens zwei

Lautsprecherorte erforderlich. Die Lautsprecherorte müssen mindestens 3 m von einander entfernt sein, die Mikrofone 1,5 m zu einander, 2 m zur Schallquelle und 1 m zu den Raumbegrenzungsflächen und dem Prüfgegenstand. Die genannte Vorgehensweise aus ISO 354 ist allerdings primär zur Messung der Schallabsorption in Hallräumen vorgesehen. In den bauakustischen Messverfahren wird der für Schalldämm-Messungen erforderliche Aufwand reduziert, indem als Minimum eine Lautsprecherposition und drei Mikrofonpositionen mit jeweils zwei Abklingvorgängen angesetzt werden, sodass sich mindestens 6 Messvorgänge ergeben. Aus diesen ist der Mittelwert entweder als Scharmittelwert oder als arithmetischer Mittelwert zu bilden. Nach [58] wird allerdings vorgeschlagen, bei der Methode des abgeschalteten Rauschens vorzugsweise die Scharmittelung zu verwenden. Es muss nach dem Abschalten der Schallquelle ca. 0,1 s bis zum Beginn der Auswertung gewartet werden oder erst einige dB unter dem Startwert begonnen werden, damit sichergestellt ist, dass die Auswertung auf jeden Fall nur auf dem abfallenden Teil der Pegelaufzeichnung stattfindet. Das ausgewertete Pegelintervall soll mindestens 20 dB Dynamik haben. Allerdings muss darauf geachtet werden, dass der untere Wert des Auswertebereichs zum Fremdgeräusch noch einen Abstand von mindestens 10 dB hat. Probleme mit durchhängenden Abklingkurven können sich bei gekoppelten Räumen und unübersichtlichen Raumverhältnissen ergeben [16]. In solchen Fällen sollte die Steigung des ersten Kurvenabschnitts als maßgeblich für die Ermittlung der Nachhallzeit betrachtet werden. Gegebenenfalls ist dafür das auszuwertende Pegelintervall zu verringern.

4.5.3 Messung des Verlustfaktors

Die Bedeutung des Verlustfaktors wurde bereits in Abschn. 4.3.2 („Einfluss des Verlustfaktors") dargestellt. In den Berechnungsverfahren der ISO 12354 (siehe Abschn. 3.2 wird er benötigt, um bei massiven Bauteilen gemäß Gl. (59) oder (51) das In-situ-Verhalten prognostizieren zu können. Hierfür ist auch die Kenntnis des Verlustfaktors dieser Bauteile im Prüfstand erforderlich. In den Regelwerken zur Messung der Schalldämmung wird (unverbindlich) die Messung des Verlustfaktors vorgesehen. Damit soll die bei der Prüfung vorliegende Einbausituation charakterisiert werden. Gegenüber dieser optionalen Behandlung ist der Verlustfaktor bei der Messung der Stoßstellendämm-Maße nach ISO 10848 unverzichtbarer Bestandteil des Messverfahrens. Stets ist dabei der Gesamtverlustfaktor nach Gl. (56) gemeint.

Bei der Messung des Verlustfaktors kommen prinzipiell mehrere Möglichkeiten infrage. Bei der stationären Körperschallanregung eines Bauteils kann die Verlustleistung über eine Leistungsbilanz ermittelt werden. Eine zweite Möglichkeit nutzt die Übertragungsfunktionen, die z. B. im Rahmen einer Modalanalyse ermittelt werden, um aus der 3 dB-Halbwertsbreite einzelner Moden den Verlustfaktor zu bestimmen. Die dritte Möglichkeit bestimmt den Verlustfaktor aus den gemessenen Körperschall Nachhallzeiten T_s. Der Zusammenhang zwischen Verlustfaktor und Körperschall-Nachhallzeit ist dabei über

$$\eta_{\mathrm{ges}} = \frac{2{,}2}{f T_s} \qquad (84)$$

gegeben. Diese Möglichkeit bietet sich für bauakustische Untersuchungen an erster Stelle an, da sie wesentliche Vorteile bietet. Dann kann nämlich auf die bei Luftschallmessungen schon bekannten Impulsmessmethoden (Anregung mit realen Impulsen oder Rückwärtsintegration der Impulsantwort) zurückgegriffen werden, wie sie im raum- und bauakustischen Bereich nach ISO 3382 zum Einsatz kommen und bereits in Abschn. 4.5.2 angesprochen wurden. Dann können auch die ganzen Vorteile der MLS-Technik genutzt werden. Aber auch die Anregung mit realen Impulsen, z. B. durch Hammerschläge, bietet Vorteile, da damit eine schnelle und bei genügender Erfahrung auch sichere Bestimmung der Körperschall-Nachhallzeiten möglich ist. Diese Methode bietet sich vor allem bei Baumessungen an. Bei der Hammeranregung muss allerdings darauf geachtet werden, dass die Anregung nicht zu stark ist, damit nicht lokale

Deformationen der angeregten Struktur das Ergebnis beeinflussen [59]. Beide Verfahren sind nach ISO 10848-1 zulässig.

Der Körperschall-Nachhallzeit liegt dieselbe Definition wie der bislang für Luftschallmessungen betrachteten Nachhallzeit zugrunde: es wird die Zeit ermittelt, die der Körperschallpegel auf einer Struktur benötigt, um nach Abschalten einer Anregung um 60 dB abzufallen. Die Messung der Nachhallzeit kann, wie beim Luftschall besprochen, entweder über abgeschaltetes Rauschen oder über Impulsmessverfahren erfolgen. Das Verfahren des abgeschalteten Rauschens erweist sich aber als wenig praktikabel, da es erhebliche Probleme mit dem dafür geforderten Dynamikbereich des Messsignals geben kann. Zur Anregung bei den Impulsmessverfahren werden geeignete Körperschallquellen benötigt. Für die Anregung mit einem MLS-Signal kommen elektrodynamische Schwingerreger infrage, wie sie in Abschn. 7.1 in [187] beschrieben werden. Die Anregung durch reale Impulse kann mit einem Hammer erfolgen. Die Nachhallzeit wird aus der Körperschallschnelle oder -beschleunigung gewonnen. Die Messung dieser Größen kann mit den in der Bauakustik üblichen Körperschallaufnehmern, üblicherweise Beschleunigungsaufnehmer nach dem piezoelektrischen Prinzip, erfolgen. Weitere Angaben zur eigentlichen Körperschallmesstechnik, die nicht Gegenstand dieses Kapitels ist, finden sich in [187].

Auf das Verfahren zur Messung des Verlustfaktors nach ISO 10848-1 wird in den Laborverfahren zur Messung der Luft- und Trittschalldämmung (ISO 10140-4) verwiesen. In diesem Regelwerk geht es um die messtechnische Bestimmung des sogenannten Stoßstellendämm-Maßes K_{ij}, wobei dort die Messung der Körperschall- Nachhallzeiten verbindlich vorgeschrieben ist, da diese zur Ermittlung der Kenngröße benötigt werden. Die nachfolgend erläuterten Aspekte finden sich in den Festlegungen der ISO 10848-1 wieder.

Im Prinzip können die grundlegenden Überlegungen zur Messung der Nachhallzeit in einem Luftschallfeld auf die Situation der

Körperschall-Nachhallzeiten sinngemäß übertragen werden. Es müssen ausreichend viele
Messvorgänge zur Auswertung zur Verfügung
stehen. Es muss die Nachhallzeit an mehreren Orten gemessen werden, wobei auch die
Körperschallanregung örtlich variieren soll,
damit die Nachhallzeit durch ausreichende Mittelung bestimmt werden kann. Hintergrund
dieser Festlegungen sind die bei den Luftschallmessungen wohlbekannten Einschränkungen
der Diffusität des Schallfeldes. Dies gilt auch
für das Körperschallfeld auf plattenförmigen
Bauteilen, wenn im Bereich geringer Modendichte starke lokale Schwankungen des Schallfeldes zu erwarten sind. Nach ISO 10848-1 sind
deshalb auf dem zu prüfenden eher massiven
Bauteil (vom Typ-A) mindestens drei Anregepunkte und auf dem zu prüfenden eher leichten Bauteil (vom Typ-B) mindestens sechs
Anregepunkte zu verwenden. Für Typ-A- und
Typ-B-Bauteile je Anregungsposition müssen
mindestens drei Messpositionen verwendet werden. Aus den einzelnen Aufzeichnungen ist dann
die Nachhallzeit durch Mittelung zu bilden. Wie
bei den Luftschallmessungen sind auch bei den
Körperschallmessungen für die Messpositionen
ausreichende Mindestabstände zu den Kanten
des Bauteils, zur Körperschallquelle und untereinander einzuhalten. Diese betragen 0,5 m
zwischen Aufnehmern und den Bauteilkanten,
1 m zwischen den Anregeorten und den Bauteilkanten und 0,5 m zwischen den einzelnen Auf-
nehmerorten. Zwischen der geforderten Anzahl
von Anrege- und Messorten und den geforderten
Abständen kann es bei Messungen in Gebäuden
angesichts oft kleiner Bauteilflächen allerdings
zu Konflikten kommen. Eine Messung ist dann
nur möglich, wenn die (eigentlich für Prüfstandsmessungen getroffenen) Vorgaben an
die Möglichkeiten der aktuellen Verhältnisse
angepasst werden.

Ein besonderes Problem, das bei der Messung
der Nachhallzeiten im Luftschallfeld keine Rolle
spielt, sind die mit unter sehr kurzen Nachhallzeiten. Diese können in ungünstigen Fällen bis
zu 20 ms kurz sein, sodass vor allem bei tiefen
Frequenzen eine Messung an den zu großen
Ausschwingzeiten der verwendeten Terzfilter

scheitern kann. Eine Verbesserung kann erreicht
werden, wenn die sogenannte zeitinverse Filterung verwendet wird [60]. Inzwischen wird diese
Auswertemethode in einigen bauakustischen
Messgeräten implementiert, sodass sie auch in
der bauakustischen Messtechnik angewendet
werden kann. Damit gelingt es, die Grenze der
auswertbaren Nachhallzeiten auf ein Viertel des
ursprünglichen Wertes zu senken.

4.6   Laborverfahren zur Messung der Luftschalldämmung

Laborverfahren dienen der Kennzeichnung
der schalltechnischen Leistungsfähigkeit von
Bauprodukten. Grundlage aller Verfahren zur
Beschreibung der schalldämmenden Eigenschaften ist die Messung einer Schallpegeldifferenz nach dem Zweiraumverfahren,
aus der dann je nach Verfahren ein Schalldämm-Maß, eine Norm- Schallpegeldifferenz
oder eine Verbesserung des Schalldämm-Maßes ermittelt wird. Auf Normungsebene sind
die einschlägigen Verfahren in der Reihe
der ISO 10140er- Normen niedergelegt. Die
Anforderungen an die Prüfstände sind durch
ISO 10140-5 vorgegeben. Angaben zur Prüfstandsauslegung finden sich in Abschn. 4.4.

4.6.1 Messung der Luftschalldämmung von Bauteilen in Prüfständen

Das messtechnische Grundprinzip der Schalldämmungsmessung in Prüfständen ist durch ISO
16283-1 festgelegt. Es wird sinngemäß für weitere, nachfolgend beschriebene Verfahren adaptiert. Die Ausführungen der Abschn. 4.3, 4.4
und 4.5 enthalten alle wesentlichen Aussagen
zu diesem Verfahren, sodass der Verweis darauf
genügt.

4.6.2 Luftschalldämmung kleiner Bauteile und Elemente

Kleine Bauteile, die meistens als komplette
Elemente im Bau eingesetzt werden, können
wesentlich zur Luftschallübertragung zwischen
zwei Räumen oder aus einem Raum ins Freie
hinaus beitragen. Solche Elemente sind z. B.

Lüftungskanäle, Lüftungsauslässe, Frischluft-öffnungen, Kabelkanäle und Rollladenkästen. Auch Dichtungssysteme an Verbindungs-stellen sind in diesem Zusammenhang zu berücksichtigen.

Prinzipiell wäre das übliche Verfahren zur Schalldämmungsmessung auch für Elemente anwendbar. Im Gegensatz zu großformatigen Bauteilen (z. B. Wände und Decken) ist man bei einzelnen Elementen meistens aber nicht an einer flächenkorrigierten Angabe für die Schallübertragung interessiert (siehe Berück-sichtigung der übertragenden Fläche in Gl. (29). Als kennzeichnende Größe wird deshalb die von der Prüffläche unabhängige Norm-Schallpegel-differenz für Elemente $D_{n,e}$ verwendet. Diese wird nach Gl. (33) als

$$D_{n,e} = D - 10 \lg \frac{A}{A_0}$$
$$= L_1 - L_2 - 10 \lg \frac{A}{A_0} \quad \text{dB} \tag{85}$$

geschrieben.

ISO 10140-1 regelt die Messungen für solche Elemente, die typischerweise kleiner als 1 m^2 sind. Das Verfahren orientiert sich strikt an den messtechnischen Vorgaben aus ISO 10140-2, sodass alle zuvor genannten Angaben zur Mess-technik auch hier Geltung haben. Die Prüf-linge werden in Prüfständen nach ISO 10140-2 durchgeführt.

Bei der Messung in Prüfständen mit den üblichen Prüföffnungen für Wände (oder Fens-ter) muss das zu prüfende Element in eine Trennfläche mit ausreichend hoher Schall-dämmung eingebaut werden. Dabei muss sicher-gestellt sein, dass die Schallübertragung über diese Trennfläche gegenüber der Übertragung über das Element vernachlässigt werden kann. Auf die Vorgehensweise zur Überprüfung die-ser Anforderung wurde bereits in Abschn. 4.3.2 (*„Kontrolle der Nebenwege in Prüfständen"*) eingegangen.

Falls die Übertragung über ein einzelnes Ele-ment zu so kleinen Pegeln im Empfangsraum führt, dass die Aussage unsicher wird, kann die Messung auch mit mehreren gleichzeitig

eingebauten Elementen durchgeführt werden. Das Messergebnis ist dann bei n untersuchten Elementen über

$$D_{n,e} = D - 10 \lg \frac{A}{A_0}$$
$$= L_1 - L_2 - 10 \lg \frac{A}{A_0} + 10 \lg n \quad \text{dB} \tag{86}$$

auf ein Element umzurechnen ist.

Großen Einfluss auf das Messergebnis haben die Einbaubedingungen. Das betrifft zum einen die Montage des Elements mit allen Verbindungen und Abdichtungen gegenüber anderen Bauteilen. Das betrifft insbesondere aber auch den Einbauort des Elements in der Trennfläche. Bezogen auf die Anregung und Abstrahlung können sich die Schallfeld-bedingungen in der Umgebung schallhar-ter Berandungen gegenüber dem Einbau in einer großen Fläche für das zu prüfende Ele-ment signifikant ändern. Auf derartige Effekte wurde bereits in Abschn. 4.3.2 (*„Abstrahlungs-effekte und Einbaubedingungen"*) eingegangen. ISO 10140-2 und SIO 10140-5 geben des-halb detaillierten Anweisungen für den Ein-bau und die Positionierung der Elemente sowie die Nachbildung der akustisch relevanten Umgebungsbedingungen.

Wenn ein oder mehrere Elemente in ein anderes Bauteil eingebaut werden, z. B. ein Lüftungsgerät oder ein Rollladenkasten in eine Wand, dann ist die resultierende Schall-dämmung des zusammengesetzten Bauteils die interessierende Größe. Die Norm-Schall-pegeldifferenz des Elements ist dann auf die Fläche des trennenden Bauteils umzurechnen. Dies wird bei der Berechnung der resultieren-den Schalldämmung in Gl. (23) im zweiten Summationsterm berücksichtigt.

Für die bauakustische Planung sind Mess-werte von $D_{n,e}$ nur dann brauchbar, wenn das geprüfte Element baugleich ist mit dem zum Einbau vorgesehenen und dieselben Abmessungen hat. Um die notwendige Überein-stimmung herstellen zu können, sind die Eigen-schaften der untersuchten Elemente zuzüglich der Einbaubedingungen im Prüfbericht voll-ständig anzugeben.

4.6.3 Verbesserung der Luftschalldämmung durch Vorsatzschalen

Vorsatzschalen sind eine häufig angewendete Konstruktion zur Verbesserung der Schalldämmung einschaliger Bauteile. Für die Kennzeichnung der schalltechnischen Qualität solcher Vorsatzschalen und für die bauakustische Planung von Gebäuden besteht Bedarf, deren Eigenschaften auch messtechnisch zu charakterisieren. Während es für die Verbesserung der Trittschalldämmung schon seit langem entsprechende Messverfahren gibt (siehe Abschn. 5.8), stand lange Zeit für Zusatzkonstruktionen zur Verbesserung der Luftschalldämmung kein adäquates genormtes Verfahren zur Verfügung. Erst durch die europäischen Berechnungsverfahren (siehe Abschn. 3.2.2, „Berücksichtigung von Vorsatzkonstruktionen" und Gl. (10) wurde die Verbesserung der Luftschalldämmung methodisch in ein Berechnungsmodell eingebunden und dadurch auch der Bedarf deklariert, ein geeignetes Messverfahren für die benötigte Größe zu erarbeiten. Dieses steht mit der ISO 10140-1 zur Verfügung.

Messtechnisches Vorgehen

Wie bei der Messung der Trittschallminderung durch Deckenauflagen (Abschn. 5.8.1) kann auch die Verbesserung des Schalldämm-Maßes ΔR durch eine Vergleichsmessung an einer Bezugskonstruktion mit und ohne Vorsatzschale ermittelt werden. Da deutsche Übersetzungen internationaler Normen einen immer „internationaleren" Charakter annehmen, heißt es dafür in der Sprachregelung der ISO 10140-1

$$\Delta R = R_{\text{with}} - R_{\text{without}} \qquad (87)$$

Dabei ist R_{with} die gemessene Schalldämmung der Bezugskonstruktion mit und R_{without} ohne Vorsatzschale.

Physikalisch besteht das Hauptproblem bei der Ermittlung eines Verbesserungsmaßes für die Luftschalldämmung darin, dass das durch die Vorsatzkonstruktion entstehende zweischalige System auch von den Eigenschaften des Bauteils, das es zu verbessern gilt, abhängt. Bei ausreichend schweren Wänden mit niedriger

Koinzidenzgrenzfrequenz f_c ist dieser Einfluss gering, sodass man quasi von einer von der Grundkonstruktion unabhängigen Verbesserung ausgehen kann. Das nach Gl. (87) ermittelte ΔR kann dann, vergleichbar dem ΔL der Trittschalldämmung, mit beliebigen anderen Grundkonstruktionen kombiniert werden, solange diese die Voraussetzung ausreichend großer flächenbezogener Masse erfüllen (siehe Gl. 91 und 92). Unter praktischen Bedingungen ist von einem Verhältnis von mindestens etwa 1:10 zwischen den flächenbezogenen Massen der Vorsatzschale und der Grundkonstruktion auszugehen. Die Grenzfrequenz f_c sollte unter 125 Hz liegen.

Anders sind die Verhältnisse bei leichten massiven Grundkonstruktionen und höherer Grenzfrequenz. Dort können sich starke Wechselwirkungen zwischen Grund- und Vorsatzkonstruktion ergeben. Vor allem im Bereich der Grenzfrequenz lassen sich besonders große Verbesserungen feststellen. Die ermittelte Verbesserung ist damit aber eine von der Grundkonstruktion abhängige Größe.

Um dennoch zu aussagekräftigen und vergleichbaren Ergebnissen bei der Charakterisierung der Luftschallverbesserung zu kommen, wurden in ISO 10140-5 verschiedene Grundkonstruktionen, sogenannte Bezugskonstruktionen, festgelegt, auf denen die Vorsatzkonstruktionen zu prüfen sind.

Als „Bezugswand in schwerer Ausführung" wird eine Mauerwerkswand mit einer flächenbezogenen Masse $m'' = (350 \pm 50)$ kg/m^2 festgelegt, deren f_c im Bereich von 125 Hz liegt. Typischerweise kann das mit einer Kalksandsteinwand (Rohdichteklasse 1,8; Dicke 17,5 cm; einseitig verputzt) realisiert werden. Für Vorsatzschalen an Decken wird als „Bezugsdecke in schwerer Ausführung" die in ISO 10140-5 zur Messung der Trittschallminderung vorgeschriebene Prüfdecke herangezogen (siehe Abschn. 5.6). Man kann also bei der gleichen Grundkonstruktion die Verbesserung der Luft- und der Trittschalldämmung ermitteln. Als sogenannte „Leichtbau- Bezugswand" ist eine leichte massive Wand mit etwa 70 kg/m^2 und einer im mittleren Frequenzbereich bei etwa 500

Hz liegenden Grenzfrequenz vorzuschen. Dies kann z. B. mit einer Wand aus Porenbeton realisiert werden.

Die Auswahl einer dieser Bezugskonstruktionen ergibt sich aus den aktuellen Fragestellungen an die Gesamtkonstruktion. Falls die genannten Bezugskonstruktionen für den interessierenden Anwendungsfall nicht in Betracht kommen, kann auch auf anderen Grundkonstruktionen gemessen werden. Die Messergebnisse haben dann allerdings nur für den untersuchten Aufbau Gültigkeit.

Das anzuwendende Messverfahren entspricht vollständig den bereits dargestellten Vorgaben der ISO 10140-2. Die Prüfungen finden in den bekannten Prüfständen nach ISO 10140-5 statt, die für die Messung der Luftschalldämmung von Wänden und Decken vorgesehen sind. So ist die in ISO 10140-1 beschriebene Methode weniger ein neues Messverfahren, sondern vielmehr eine Festschreibung von Messbedingungen und Messauswertungen für den vorliegenden Anwendungsfall.

Einzahlangaben für die Verbesserung der Luftschalldämmung

Für die durch Messung ermittelten frequenzabhängigen Kenngrößen können auch in diesem Fall Einzahlangaben ermittelt werden. In ISO 10140-1 wurde dafür ein Bewertungsverfahren zur Bildung von Einzahlwerten eingeführt, das dem Ansatz bei der Verbesserung der Trittschalldämmung ΔL_W folgt. Im gleichen Sinne werden die frequenzabhängigen Messergebnisse ΔR einer bestimmten Vorsatzschale rechnerisch mit einer in der Norm definierten Referenzkonstruktion kombiniert. Aus den frequenzabhängigen verbesserten Werten wird dann der Einzahlwert des Schalldämm-Maßes gebildet. Daraus ergibt sich die Verbesserung des bewerteten Schalldämm-Maßes ΔR_W. Je nach verwendeter Grundkonstruktion kann dann noch zwischen $\Delta R_{w,heavy}$ und $\Delta R_{w,light}$ unterschieden werden.

Zusätzlich können die genannten Einzahlwerte durch die Spektrum-Anpassungswerte C und C_{tr} (siehe Abschn. 4.2.3) ergänzt

werden, um so die reale Verbesserung gegenüber bestimmten Anregespektren zu beschreiben (siehe hierzu Abschn. 4.2.3). Dadurch ergibt sich

$$\Delta(R_w + C) = (R_{w,\text{ref,with}} + C_{\text{ref,with}}) - (R_{w,\text{ref,without}} + C_{\text{ref,without}}) \qquad (88)$$

und

$$\Delta(R_w + C) = (R_{w,\text{ref,with}} + C_{tr,\text{ref,with}}) - (R_{w,\text{ref,without}} + C_{tr,\text{ref,without}}) \qquad (89)$$

Falls als Bezugskonstruktionen nicht die durch die Norm benannten schweren oder leichten Bauteile verwendet werden, kann bei der Bildung der Einzahlangaben das Referenzverfahren nicht angewendet werden. In diesem Falle werden die Einzahlwerte für die Schalldämmung der Bezugskonstruktion ohne und mit Vorsatzschale direkt von einander subtrahiert:

$$\Delta R_{w,\text{direct}} = R_{w,\text{with}} \qquad (90)$$

Auch in diesem Fall ist die Angabe von Spektrum-Anpassungswerten möglich.

Als Messnorm beschreibt ISO 10140-1 die messtechnischen Regelungen. Die Anwendung der damit gewonnenen Messergebnisse zählt nicht mehr zu ihrem Geltungsbereich. Allerdings wird darauf hingewiesen, dass im Rahmen der physikalischen Voraussetzungen die ermittelten Angaben für ΔR und ΔR_W rechnerisch mit den Schalldämm-Maßen anderer Grundkonstruktionen kombiniert werden können (siehe dazu auch das Vorgehen in den europäischen Berechnungsverfahren, Gl. 10 und 17). Frequenzabhängig gilt also

$$R_{\text{with}} = R_{\text{without}} + \Delta R \qquad (91)$$

und in Einzahlwerten

$$R_{w,\text{with}} = R_{w,\text{without}} + \Delta R_w \qquad (92)$$

Diese Vorgehensweise ist anwendbar für ausreichend schwere Grundkonstruktionen mit niedriger Grenzfrequenz, die in etwa der schweren Bezugskonstruktion dieser Norm entsprechen. Außerdem sollte die flächenbezogene Masse der Grundkonstruktion etwa zehnmal größer sein als diejenige der Vorsatzschale. Bei leichten massiven Bauteilen ist die

Anwendbarkeit nicht grundsätzlich sichergestellt. Bei den sonstigen, nicht in der Norm festgelegten Grundkonstruktionen ist diese Anwendung generell nicht möglich.

4.7 Messung der Luftschalldämmung in Gebäuden

Die Grundprinzipien zur Messung der Luftschalldämmung, wie sie in den vorhergehenden Kapiteln behandelt wurden, gelten auch für alle Messungen, die in Gebäuden durchgeführt werden („Feldmessungen"). Da schon zuvor bei den allgemeinen Erläuterungen einzelne Fragestellungen zu den Gebäude-Messverfahren angesprochen wurden, können sich die Erläuterungen dieses Kapitels auf ergänzende Aspekte beschränken. Auch für Gebäudemessungen werden alle wesentlichen Messverfahren durch entsprechende Regelwerke abgedeckt. Das Standardverfahren zur Messung der Luftschalldämmung in Gebäuden ist in ISO 16283-1 niedergelegt. Es wird bei der Messung der Luftschalldämmung von Innenwänden, Decken und Türen herangezogen (siehe Abschn. 4.7.1). Für die Schalldämmung von Außenbauteilen, sowohl Einzelelementen wie Fenstern als auch einer ganzen Fassade, wird das messtechnische Vorgehen in ISO 16283-3 beschrieben (siehe Abschn. 4.7.4). Zusätzlich wird in ISO 10 052 ein Kurzprüfverfahren genannt, das zur Reduzierung des messtechnischen Aufwandes herangezogen werden kann. Da sich Baumessungen aufgrund der fast unendlichen Vielfalt an unterschiedlichen Baubedingungen nicht wie Prüfstandsmessungen vereinheitlichen lassen, gibt es schließlich noch in ISO 16283-1 ergänzende Hinweise zur Durchführung der Gebäudemessungen in besonderen Situationen.

4.7.1 Messung der Luftschalldämmung nach dem Standardverfahren

Messungen nach ISO 16283-1 dienen der Beurteilung der bauakustischen Qualität von Gebäuden oder Teilen davon und der

Überprüfung von gesetzlichen oder vertraglichen Anforderungen an den Schallschutz. Deshalb ist die dort vorgegebene Vorgehensweise z. B. in DIN 4109 verbindlich für die Überprüfung der bauordnungsrechtlich einzuhaltenden Anforderungen an die Luftschalldämmung und den Luftschallschutz vorgeschrieben.

Messgrößen und Messgeräte
Das Messprinzip macht keine Unterschiede, ob nach Gl. (29) R im Prüfstand oder nach Gl. (32) R' im Bau gemessen wird. Messgrößen sind in beiden Fällen die räumlich und zeitlich gemittelten Schalldruckpegel im Sende- und Empfangsraum und die Nachhallzeit zur Bestimmung der äquivalenten Absorptionsfläche. Die Anforderungen an die Messgeräte zur Messung der Schallpegel und der Nachhallzeit sind identisch mit denjenigen aus Abschn. 4.5.1 („*Messgeräte zur Messung der Luftschalldämmung*").

Messung der Schalldämmung
Noch viel mehr als im Labor muss bei Baumessungen damit gerechnet werden, dass die Voraussetzungen an die Diffusität des Luftschallfeldes in den Messräume nicht oder sehr ungenügend erfüllt sind. Gegen alle Regeln, die in Abschn. 4.3.2 („*Modale Effekte bei der Messung der Schalldämmung*") genannt wurden, wird unter üblichen Baubedingungen regelmäßig verstoßen. Maßnahmen, die im Labor gezielt zur Verbesserung der Diffusität und zur Vermeidung modaler Kopplungseffekte eingesetzt werden, können bei Baumessungen nur sehr eingeschränkt oder gar nicht angewendet werden. Als ungünstig erweisen sich in diesem Sinne kleine Räume, stark bedämpfte Räume, Messungen zwischen gleich großen Räumen (wie es bei der vertikalen Übertragung üblich ist) und schlecht kontrollierbare Störgeräuscheinflüsse.

Im Prinzip müsste unter diesen Umständen mehr Aufwand als bei einer Labormessung getrieben werden, um zu einem plausiblen Messergebnis zu kommen. Dies widerspricht aber dem in der Praxis gestellten Anspruch, Baumessungen mit dem geringst möglichen Aufwand durchzuführen. Deshalb sind die grundlegenden Festlegungen (weitgehend) identisch mit denjenigen der Laborverfahren. Die Vorgaben zur Schallfeldanregung entsprechen denjenigen aus ISO 10140-2 (siehe Abschn. 4.5.1 (*„Signale und Schallquellen zur Schallfeldanregung"*). Bei der Pegelmittelung können Einzelpositionen der Mikrofone zur punktweisen Abtastung des Schallfeldes oder kontinuierlich bewegte Mikrofone auf einer Kreisbahn verwendet werden. Die erforderliche, energetisch vorzunehmende Pegelmittelung erfolgt bei Einzelpositionen nach Gl. (79) und für geschwenkte Mikrofone nach Gl. (78). Bei Einzelmikrofonen müssen mindestens 10 Messungen (je 5 pro Lautsprecherposition) und bei Schwenkmikrofonen mindestens 2 Messungen (je 1 pro Lautsprecherposition) durchgeführt werden. Die von den Laborprüfungen etwas abweichenden Mindestabstände der Mikrofone können Abb. 26 entnommen werden. Angesichts oft kleiner Raumabmessungen darf bei Messungen mit Einzelmikrofonen der Abstand zu den Raumberandungen auf 0,5 m reduziert werden. Der Bahnradius von Drehmikrofonen kann von mindestens 1 m auf mindestens 0,7 m vermindert werden. Wie bei den Labormessungen muss die zeitliche Mittelung der Pegel bei einzelnen Mikrofonen über eine Zeit von mindestens 4 s in den Frequenzbändern ab 400 Hz und unterhalb 400 Hz über mindestens 6 s erfolgen. Bei Schwenkmikrofonen muss die Mittelungszeit mindestens 30 s betragen und soll eine ganze Anzahl von Bahnumläufen erfassen. Im Gegensatz zu den Labormessungen geht der verbindliche Messfrequenzbereich statt bis 5000 Hz nur bis 3150 Hz. Die Messung bei höheren Frequenzen wird empfohlen.

Messung der Nachhallzeit

Die Messung der Nachhallzeit folgt für die Baumessungen denselben Regularien, die bereits in Abschn. 4.5.2 für die Prüfstandsmessungen erläutert wurden.

Fremdgeräuschkorrektur

Noch viel mehr als bei Labormessungen muss bei Messungen in Gebäuden der Fremdgeräuscheinfluss kontrolliert und berücksichtigt werden. Angesichts der zu erwartenden höheren Störpegel wird bei Baumessungen gegenüber den Labormessungen eine Korrektur des Messergebnisses erst dann gefordert, wenn der Abstand zum Störgeräusch 10 dB unterschreitet. Die weiteren Vorgaben zur Fremdgeräuschkorrektur entsprechen denjenigen aus Abschn. 4.5.1 („Fremdgeräuschkorrektur").

Messung der Schalldämmung bei tiefen Frequenzen

Grundsätzlich ergeben sich für Messungen bei tiefen Frequenzen (bzw. kleinen Räumen) dieselben Probleme mit der Diffusität des Schallfeldes wie bei Prüfstandsmessungen. Die relevanten Einflussgrößen wurden bereits in Abschn. 4.3.2 („Modale Effekte bei der Messung der Schalldämmung") erläutert. Ergänzende Regelungen zu Messungen bei tiefen Frequenzen entsprechen denjenigen für die Labormessungen (siehe Abschn. 4.5.1 *„Modifizierte und alternative Messverfahren bei tiefen Frequenzen"*).

Kennzeichnende Größen zur Beschreibung der Schalldämmung und des Schallschutzes in Gebäuden

Während bei Bauteilen zur Charakterisierung der schalldämmenden Eigenschaften ausschließlich das im Prüfstand ermittelte Schalldämm-Maß R herangezogen wird (Ausnahme: $D_{n,e}$ für kleine Bauteile), gibt es für den Schutz gegenüber Luftschallübertragung in Gebäuden die in den Gl. (32–34) definierten Kenngrößen R', D_n und D_{nT}. Messtechnisch hat es keine Konsequenzen, welche der genannten Größen zur Überprüfung der Anforderungen herangezogen werden soll, da alle Größen nach den Gl. (35–37) in einander umgerechnet werden können. Falls D_{nT} bzw. $D_{nT,w}$ die Zielgröße ist, erweist es sich als vorteilhaft, dass dann nach Gl. (34) das Raumvolumen nicht benötigt wird. Dieses kann bei unübersichtlichen raumakustischen Verhältnissen zu einer beträchtlichen Fehlerquelle werden, wenn (wie z. B. bei gekoppelten Räumen oder offenen Grundrissen) das maßgebliche Volumen nicht ohne weiteres ersichtlich ist [16]. Zu beachten ist allerdings, dass D_{nT} und $D_{nT,w}$ richtungsabhängig sind. Die Messung vom kleineren in den größeren Raum ergibt höhere Werte als umgekehrt. Zur Überprüfung von Anforderungen sollte deshalb, wenn nicht anders gefordert, vom größeren in den kleineren Raum gemessen werden. Ein weiterer Vorteil von $D_{nT}/D_{nT,w}$ besteht darin, dass die Verwechslungsgefahr von Bauteileigenschaften (R, R_w) und Gebäudeeigenschaften (R', R'_w) ausgeschlossen ist.

Flankenübertragung und Nebenwege
Im Gegensatz zu Labormessungen wird im Bau der Einfluss der flankierenden Übertragung und möglicher Nebenwege (z. B. Undichtigkeiten in Trennwänden, Übertragung über Kabelkanäle, Lüftungskanäle etc.) stets mitgemessen. Das Messergebnis gibt die vorgefundenen Verhältnisse gemäß Gl. (3) wieder. Falls Anforderungen nicht eingehalten wurden und Maßnahmen zur Verbesserung der Schalldämmung zu ergreifen sind, muss ggf. mit weiterführenden Untersuchungen Ursachenfindung betrieben werden. Aus der bauakustischen Erfahrung heraus wird ein erfahrener Messingenieur in vielen Fällen die Ursachen ohne Messungen benennen können. Wiederholungsmessungen in derselben Übertragungssituation, aber mit modifizierten Übertragungsverhältnissen, können dann Aufschluss geben, ob die Annahmen berechtigt waren und erlauben eine Quantifizierung einzelner Einflüsse. Hierzu ist es z. B. möglich, Bauteile mit „kritischer" Schalldämmung provisorisch mit einer biegeweichen Vorsatzschale (z. B. Gipskartonplatten mit ausreichendem Abstand zum Bauteil und Hohlraumdämpfung) abzudecken, Undichtigkeiten in elementierten Bauteilen provisorisch abzudichten, Öffnungen für Lüftung und Klimatisierung abzudecken und Durchführungen von Kanälen, Rohrleitungen oder Kabeln zu verschließen. Der Einfluss flankierender Übertragungswege kann mit Körperschallmessungen, wie sie in Abschn. 4.3.2 („*Ermittlung der Schalldämmung über Körperschallmessungen*") behandelt wurden, quantifiziert werden. Damit können Aussagen getroffen werden, ob notwendige Verbesserungen der Schalldämmung am trennenden Bauteil oder an einem oder mehreren flankierenden Bauteilen erforderlich sind.

Vergleich von Bau- und Prüfstandswerten
Ohne Weiteres ist für ein bestimmtes Bauteil ein direkter Vergleich der im Bau und im Labor gemessenen Schalldämmung nicht möglich. Auch wenn nach Gl. (31 und 32) das im Bau gemessene Schalldämm-Maß stets auf die Fläche des trennenden Bauteils bezogen wird, ist das gemessene R'_w aufgrund der Neben- und Flankenwege keine das Bauteil alleine beschreibende Größe. Selbst wenn sichergestellt werden kann, dass diese Einflüsse vernachlässigbar sind, ist ein Vergleich von Schalldämmwerten im Bau mit Laborwerten nur bedingt möglich. Zu berücksichtigen sind nach Abschn. 4.3.1 und 4.3.2 die Einflüsse der Bauteilgröße, Einbausituation und Energieableitung, die sich zwischen Prüfstand und Bau signifikant unterscheiden können.

4.7.2 Besonderheiten bei Messungen der Schalldämmung in Gebäuden

Das Messverfahren zur Bestimmung der Schalldämmung in Gebäuden ist in ISO 16283-1 niedergelegt. Dort werden allerdings nicht nur die Messprinzipien, sondern auch Leitfäden für besondere bauliche Bedingungen, die die Anwendung der Messverfahren in konkreten Situationen erleichtern sollen, dargestellt. Im Wesentlichen geht es um kompliziertere Raumformen, die von einfachen Rechteckräumen abweichen und die daraus folgenden Probleme bei der Anzahl und Positionierung von Lautsprechern und Mikrofonen. Für sehr große, lange und schmale Räume, Treppenräume und akustisch mit einander verbundene Räume werden Leitlinien formuliert, die zu einer praktikablen Umsetzung der Grundnorm führen sollen. Ziel ist dabei eine Vereinheitlichung des messtechnischen Vorgehens und damit eine bessere Vergleichbarkeit von Messungen in Gebäuden. Es wird zu diesem Zweck eine Vielzahl unterschiedlicher Raumsituationen dargestellt, für die in schematischen Zeichnungen entsprechende Messkonfigurationen vorgesehen werden. Da diese Mustersituationen, auch wenn sie viele praktisch vorkommende Situationen darstellen, nicht die Vielfalt realer Situationen vollständig und detailgerecht abbilden können, werden die Leitlinien dieses Regelwerkes als informative Angaben formuliert.

Im Einzelnen wird auf folgende Aspekte mit messtechnischer Relevanz eingegangen: Anzahl von Lautsprecher- und Mikrofonpositionen in Abhängigkeit vom Raumvolumen, teilweise getrennte Räume, stark bedämpfte Räume, versetzte Räume, komplexe Raumgeometrien und Messungen an Türen. Zur Überprüfung der Diffusität der Schallfelder wird eine Methode genannt, mit der die Standardabweichung der Raumpegel an verschiedenen Messorten frequenzabhängig und volumenabhängig mit theoretischen Werten verglichen werden kann.

4.7.3 Kurzprüfverfahren für Messungen in Gebäuden

Für bauakustische Messungen der Luft- und Trittschalldämmung in Gebäuden stehen die bereits genannten Standard-Verfahren zur Verfügung. Diese sind darauf ausgelegt, eine möglichst große Genauigkeit des Messergebnisses sicherzustellen. Bei Messungen in Gebäuden kann es jedoch von Bedeutung sein, die erreichte bauakustische Qualität oder die Einhaltung von Anforderungen mit reduziertem geräte- und messtechnischen Aufwand zu überprüfen, um bei verringertem Zeitaufwand eine möglichst große Zahl von Messungen durchführen zu können, wobei ein Verlust an Genauigkeit in Kauf genommen wird. Für diesen Zweck wurden in der Vergangenheit unterschiedliche Kurzprüfverfahren entwickelt, die alle nicht genormt waren. Dem Bedarf nach genormten Kurzprüfverfahren wurde durch die Erarbeitung der ISO 10052 Rechnung getragen. Dort sind Kurzprüfverfahren für die Luft- und Trittschalldämmung zwischen Räumen, die Luftschalldämmung von Fassaden und die Schalldruckpegel von haustechnischen Anlagen beschrieben.

Die wesentlichen Elemente zur Vereinfachung der Messmethoden bestehen in der Verwendung eines Handschallpegelmessers, der bei der räumlichen Pegelmittelung von Hand auf einer Lemniskate bewegt wird, der Messung in

Oktavbändern und der Möglichkeit, die Nachhallzeitkorrektur statt durch Messung aus tabellierten Werten zu bestimmen.

Bei der Anregung des Schallfeldes im Senderaum wird der Lautsprecher in einer Raumecke gegenüber dem Trennbauteil positioniert. Damit soll die Anregung möglichst aller Raummoden sichergestellt werden.

Die Bestimmung des mittleren Schalldruckpegels im Raum erfolgt wie bei der Messung mit rotierenden Mikrofonen durch Gl. (78). Es soll in den Oktavbändern zwischen 125 Hz bis 2000 Hz gemessen werden. Zur Beschreibung der raumakustischen Eigenschaften der Empfangsräume wird das Nachhallmaß

$$k = 10 \lg \frac{T}{T_0} \quad \text{dB} \qquad (93)$$

verwendet, wobei T die Nachhallzeit und $T_0 = 0{,}5$ s die Bezugsnachhallzeit ist. Mit dem Nachhallmaß kann z. B. die Standard-Schallpegeldifferenz als

$$D_{nT} = L_1 - L_2 + k \qquad (94)$$

ausgedrückt werden.

Die Nachhallzeit kann zwar gemessen werden, die wesentliche Vereinfachung wird aber in der tabellierten Darstellung des Nachhallmaßes gesehen. Dazu können die Werte des Nachhallmaßes in Abhängigkeit von der Raumausstattung für verschieden Raumvolumina frequenzabhängig in Oktavbändern oder als A- oder C- bewertete Einzahlwerte den Tabellen entnommen werden.

Über Untersuchungen zur Validierung dieser Kurzprüfverfahren wird in [61] berichtet. Die Abweichungen zwischen den Einzahlwerten des regulären und des Kurzprüfverfahrens werden mit ±2 dB angegeben.

4.7.4 Messung der Luftschalldämmung von Außenbauteilen an Gebäuden

An den Schallschutz gegenüber Außenlärm werden Anforderungen gestellt, deren Höhe nach DIN 4109 von der örtlichen Lärmsituation („maßgeblicher Außenlärmpegel") abhängt. Die Anforderungen richten sich dabei nicht an einen im Gebäudeinneren einzuhaltenden

Schalldruckpegel sondern an die resultierende Schalldämmung der Fassaden- oder Dachkonstruktion, die sich nach Gl. (19 und 20) aus den Schalldämm-Maßen der einzelnen Bauteile zusammensetzt. Bei Nachmessungen am Bau können sich daraus zwei Fragestellungen ergeben: Überprüfung der resultierenden Schalldämmung der gesamten Fassade oder Überprüfung der Schalldämmung einzelner Bauteile. Das zweite ist vor allem bei Fenstern der Fall, wo die am Bau erreichte Schalldämmung oft von der aus Prüfstandsmessungen deklarierten Qualität abweichen kann.

Die Messung der Schalldämmung von Außenbauteilen ist in ISO 16283-3 geregelt. Die Besonderheit dieser Norm besteht darin, dass sie auf internationaler Ebene das messtechnische Vorgehen zur Gewinnung von Kenngröße regeln soll, während die Vorgaben zur Verwendung bestimmter Kenngröße auf nationaler Ebene erfolgen. Daraus resultiert in ISO 16283-3 eine Vielzahl unterschiedlicher Kenngrößen, die sich aus Modifikationen des Grundverfahrens ergeben.

Im Unterschied zu den bisher betrachteten Messverfahren zur Bestimmung der Schalldämmung ist das übliche Zweiraumverfahren nun nicht mehr anwendbar. Der Sendepegel vor dem Gebäude stammt aus der Schallausbreitung im Freifeld. Es handelt sich nicht mehr um den statistisch verteilten Schalleinfall eines (mehr oder weniger) diffusen Schallfeldes. Vielmehr erfolgt der Schalleinfall gerichtet unter einem bestimmten Einfallswinkel. Dieser kann je nach vorliegenden realen Schallquellen (z. B. Straße, Industrieanlage) ganz unterschiedliche Werte aufweisen. Unterschiedliche Einfallswinkel können zu unterschiedlichen Messergebnissen für die Schalldämmung führen. Das liegt an der Winkelabhängigkeit des Schalldämm-Maßes, wie sie in Abschn. 4.3.1 (*„Einfluss des Schalleinfallswinkels"*, siehe Gl. (47)) erläutert wurde. Falls die Messungen mit dem vor Ort vorhandenen Umgebungsgeräusch durchgeführt werden sollen, ergibt sich der „richtige" Einfallswinkel von alleine. Falls die Anregung mit einem Lautsprecher durchgeführt wird, ist der

Schalleinfallswinkel zur Vereinheitlichung der Messergebnisse auf 45° einzustellen.

Der Empfangsschallpegel wird wie zuvor als Schallpegel im Diffusfeld eines Raumes betrachtet. Bei der weiteren Festlegung des anzuwendenden Messverfahrens kommt es darauf an, ob als Schallquelle ein Lautsprecher oder das vor Ort vorhandene Verkehrsgeräusch (aus Straßen- Eisenbahn- oder Fluglärm stammend) verwendet werden soll. Bei der Messung des Außenpegels muss des Weiteren entschieden werden, ob die Schalldämmung eines einzelnen Bauteils oder eine Fassade als Ganzes zu beurteilen ist. Aus der Kombination dieser Möglichkeiten nennt ISO 16283-3 insgesamt 12 Kenngrößen, die zur Charakterisierung der Schalldämmung herangezogen werden können. Die nachfolgenden Ausführungen beschränken sich auf die Kenngrößen $R'_{45°}$ und $D_{2m,nT}$

Das Bau-Schalldämm-Maß $R'_{45°}$ dient der Charakterisierung der Schalldämmung eines einzelnen Bauteils. Es wird mit Lautsprecherbeschallung gemessen, wobei der Schalleinfallswinkel am zu prüfenden Bauteil 45° beträgt. Die messtechnische Vorgehensweise ergibt sich unmittelbar aus der folgenden Beziehung:

$$R'_{45°} = L_{1,S} - L_2 + 10 \lg \left(\frac{S}{A} \right) - 1,5 \, \text{dB} \quad (95)$$

Dabei ist $L_{1,S}$ der mittlere Schalldruckpegel, der außen direkt auf der Fläche des betrachteten Bauteils gemessen wird. L_2 ist der im Empfangsraum gemessene mittlere Schalldruckpegel, S die Fläche des geprüften Bauteils und A die äquivalente Absorptionsfläche im Empfangsraum. Formal ähnelt die in dieser Gleichung genannte Beziehung der Vorgehensweise nach Gl. (32). Der Unterschied zur herkömmlichen Bestimmung des Schalldämm-Maßes nach dem Zweiraumverfahren ergibt sich aus den Schallfeldbedingungen auf der Sendeseite, die bereits zuvor angesprochen wurden. Für beliebige Einfallswinkel ϑ ließe sich Gl. (32) in der Form

$$R'_{\vartheta} = L_1 - L_2 + 10 \lg \left(\frac{S \cos \vartheta}{A} \right) \quad (96)$$

schreiben. Für $\vartheta = 45°$ ergibt sich daraus Gl. (95).

$D_{2m,nT}$ ist die Standard-Schallpegeldifferenz zur Charakterisierung der Schalldämmung einer größeren Fläche der Fassade als Ganzes. Sie wird über

$$D_{2m,nT} = L_{1,2m} - L_2 + 10 \lg \frac{T}{T_0} \quad \text{dB} \quad (97)$$

ermittelt. Abgesehen von der grundsätzlichen Definition einer Standard-Schallpegeldifferenz nach Gl. (34) zeigt sich gegenüber Gl. (95), zweite vorhergehend) der wesentliche Unterschied darin, dass nun der Sendepegel im Abstand von 2 m vor der zu prüfenden Fassade zu messen ist. Vor einer reflektierenden Oberfläche ist das Schallfeld auf Grund von Interferenzen stark ortsabhängig. Ein hier gemessener Schalldruckpegel L_1 kann also starken Schwankungen unterliegen, die unmittelbar in das Messergebnis der Schalldämmung eingehen. Grundsätzlich sind bei tiefen Frequenzen größere Streuungen zu erwarten. Jedoch wird davon ausgegangen, dass in einem Abstand von 2 m die interferenzbedingten Schwankungen in erträglichem Rahmen liegen.

Bei der Messung wird der Lautsprecher vor dem Gebäude so aufgestellt, dass der Schalleinfallswinkel $(45 \pm 5)°$ beträgt. Sein Abstand soll bei der Überprüfung einzelner Prüfobjekte mindestens 5 m zur Mitte des Prüfobjekts und bei der Überprüfung von Fassaden mindestens 7 m zur Fassade betragen. Es ist für eine möglichst gleichmäßige Beschallung der zu prüfenden Fläche zu sorgen.

Wenn die Messung des Außenpegels direkt auf dem Bauteil erfolgt, spricht man vom „Bauteil-Lautsprecher-Vefahren". Die Kenngröße ist $R'_{45°}$. Die Messung ist direkt vor der Oberfläche des Prüfobjektes durchzuführen. Je nach Orientierung der Mikrofonachse soll der Abstand maximal 10 bzw. 3 mm betragen. Für die Pegelmittelung sind mindestens 3 Messpositionen zu wählen. Die Zahl der Positionen muss bei ungleichmäßiger Pegelverteilung erhöht werden.

Wenn der Außenpegel L_1 $(2 \pm 0,2)$ m vor der Fassade ermittelt wird, heißt das Verfahren „Lautsprecher-Verfahren für die gesamte Fassade". Die zu ermittelnde Kenngröße ist dann $D_{2m,nT}$. Das Mikrofon wird im genannten Abstand in der Mitte der Fassade in 1,5 m Höhe über dem Boden des Empfangsraumes positioniert. Bei größeren Außenwandflächen muss möglicherweise mehr als eine Lautsprecherposition verwendet werden, um eine gleichmäßige Beschallung der Fassade zu gewährleisten. Dann sind dafür auch weitere Mikrofonpositionen zu verwenden. Über die Schallpegeldifferenzen der einzelnen Positionen wird eine (energetische) Mittelung durchgeführt.

Im Empfangsraum werden für das Schallfeld wie bei der üblichen Zweiraummethode Diffusfeldbedingungen angenommen. Daraus ergibt sich auch dieselbe messtechnische Vorgehensweise wie bei den zuvor behandelten Messungen in Prüfständen oder Gebäuden. Die Messungen (gemittelter Schalldruckpegel L_2, Nachhallzeit T) folgen deshalb in allen Punkten (Anzahl und Abstände der Mikrofone, Fremdgeräuschkorrektur etc.) den Vorgaben aus ISO 16283-1 (siehe Abschn. 4.7.1).

Der Frequenzbereich für die Messungen soll mindestens den Bereich 100 Hz bis 3150 Hz, vorzugsweise aber 50 Hz bis 5000 Hz umfassen.

An die Messgeräte werden dieselben Anforderungen gestellt wie bei den bisherigen Messungen zur Luftschalldämmung. Der Lautsprecher zur Anregung im Außenbereich hat nun aber andere Qualifikationen zu erbringen als bei der Schallfeldanregung in geschlossenen Räumen. Benötigt wird eine möglichst große Lautsprecherleistung, um trotz der üblichen Störgeräusche im Gebäude und von außen einen ausreichend hohen Empfangspegel im Messraum zu erzeugen. Eine allseitig gleichmäßige Abstrahlung wie in einem Senderaum mit diffusem Schallfeld ist nicht erforderlich. Vielmehr sollte der Lautsprecher eine möglichst starke, nach vorne gerichtete Abstrahlung besitzen, um vor dem Prüfobjekt einen möglichst hohen Schalldruckpegel zu erzeugen. Dabei darf sich der Pegel auf der Fläche des Prüfobjektes in jedem Frequenzband um maximal 5 dB unterscheiden. Abb. 28 zeigt einen für Außenmessungen vorgesehen Lautsprecher.

Abb. 28 Lautsprecher zur Messung der Schalldämmung von Außenbauteilen. (Bild: Stratenschulte)

4.8 Alternative Verfahren zur Messung der Luftsehalldämmung

Die nachfolgenden, kurzgefassten Erläuterungen dienen lediglich als Hinweis auf alternative Verfahren in der bauakustischen Messtechnik, die durch die aktuellen Entwicklungen der Messtechnik und Signalverarbeitung möglich geworden sind. Auf eine grundsätzliche Darstellung dieser Methoden wird an dieser Stelle verzichtet.

Die Vorgehensweise des Messverfahrens für die Schalldämmung ergab sich bei allen vorhergehenden Betrachtungen aus den durch Gl. (29) gegebenen Verhältnissen. Es sollte in Erinnerung gerufen werden, dass die dortigen Angaben nicht die Definition des Schallsdämm-Maßes darstellen, sondern lediglich eine Anwendung der in Gl. (23) allgemein formulierten Definition für die speziellen Bedingungen diffuser Schallfelder sind.

Wenn über alternative Verfahren zur Messung der Schalldämmung gesprochen wird, kommen verschiedene Ansätze infrage. Zwei davon sollen hier genannt werden.

Beim ersten Ansatz wird statt der bislang betrachteten „klassischen" Anregung, die statistische Signale (breitbandiges oder bandbegrenztes Rauschen) verwendet, mit deterministischen Signalen gearbeitet. Im Einzelnen geht es dabei um das Maximalfolgeverfahren, bei dem ein MLS-Signal verwendet wird und um das Swept-Sine-Verfahren, bei dem ein Gleitsinus-Signal verwendet wird.

Beim zweiten Ansatz erfolgt die Bestimmung der Schallleistung im Empfangsraum durch direkte Messung der Abstrahlung des Trennbauteils. Dies führt zur Messung der Schalldämmung nach der Schallintensitätsmethode.

4.8.1 Neue Messverfahren nach ISO 18233

Eine für Normenverhältnisse ungewöhnlich detaillierte Behandlung der Grundsätze und der Anwendung des MLS- und Swept-Sine-Verfahrens findet sich in ISO 18233 („Anwendung neuer Messverfahren in der Bau- und Raumakustik"). Weitere Hinweise finden sich in diesem Buch. Insbesondere sei verwiesen auf Abschn. 2.2 in [191] („Sweep-Verfahren" und „MLS-Technik") sowie auf die Kap. 2 und 9 in [192].

Durch die Darstellung dieser Verfahren in ISO 18233 soll dafür gesorgt werden, dass ihr Einsatz als normenkonform bezeichnet werden kann und nicht mehr den Status von „Außenseiterverfahren" besitzt.

Der grundlegende Ansatz der dort genannten Verfahren besteht in der Verwendung von deterministischen Signalen, mit denen sich die Impulsantworten des zu prüfenden Systems ermitteln und daraus wiederum die benötigten Schalldruckpegel ableiten lassen. Das zu prüfende System ist bei der Schalldämmungsmessung die Übertragungskette aus Senderaum, Trennbauteil und Empfangsraum. Es kann gezeigt werden, wie aus der gemessenen Impulsantwort die Pegeldifferenz zwischen beiden Räumen bestimmt werden kann, sodass sich daraus dann das Schalldämm- Maß ermitteln lässt.

Aus messtechnischer Sicht ist die Anwendung dieser Methoden attraktiv, insbesondere weil die Messungen auch bei starken Störgeräuschen mit ausreichendem Signal-Rauschabstand möglich sind. So kann bezüglich der Störgeräusche in wesentlich kritischeren Situationen als mit der herkömmlichen Rauschanregung noch gemessen werden.

4.8.2 Bestimmung der Schalldämmung mit Schallintensitätsmessungen

Wenn der Definition der Schalldämmung eine Leistungsbetrachtung nach Gl. (1 und 2) zugrunde gelegt wird, dann ist es naheliegend, die Leistung auch direkt zu bestimmen. Dies ist mit der Messung der Schallintensität möglich. Eine ausführliche Darstellung der Schallintensitätsmesstechnik findet sich in [190]. Auf weitere Erläuterungen der messtechnischen Aspekte kann an dieser Stelle deshalb verzichtet werden. Eine Umsetzung der Schallintensitätsmesstechnik für bauakustische Anwendungen findet sich auf Normungsebene in ISO 15186-1 für Messungen der Schalldämmung in Prüfständen, in ISO 15186-2 für Messungen der Schalldämmung in Gebäuden und in ISO 15186-3 für Messungen der Schalldämmung in Prüfständen bei tiefen Frequenzen.

4.9 Flankierende Luftschallübertragung

Im europäischen Berechnungsmodell ist für die Luftschallübertragung zwischen zwei Räumen nach Abb. 4 und Gl. (3) auch die Übertragung über Systeme vorgesehen. Solche Systeme können z. B. abgehängte Unterdecken sein, in deren Hohlraum eine Schallübertragung zu benachbarten Räumen stattfinden kann. Eine typische Situation zeigt Abb. 29.

Der Bedarf zur messtechnischen Charakterisierung der flankierenden Luftschallübertragung über solche Systeme wurde speziell für Unterdecken bislang in ISO 140-9 abgedeckt. Seit Erscheinen der neuen Normenreihe ISO 10848 mit insgesamt 4 Teilen ist das vorgesehene Messverfahren nun in diesem Regelwerk implementiert. ISO 10848-1 enthält die allgemeinen Rahmenbedingungen des Verfahrens. Teil 2 dieser Norm beschreibt das Vorgehen zur Messung der flankierenden Luft- und Trittschallübertragung über leichte Flankenbauteile.

Die in Abb. 28 dargestellten Verhältnisse decken allerdings nur einen Teil des Anwendungsbereichs von ISO 10848-2 ab. Außer der flankierenden Luftschallübertragung über Systeme kann nach dem dort genannten Messverfahren genauso auch die Flankenübertragung über die Bauteile selbst bestimmt werden. In Abb. 4 ist das der Flankenweg Ff. Andere Flankenwege spielen bei den für dieses Messverfahren vorgesehenen leichten Bauteilen keine Rolle, da voraussetzungsgemäß von einer schwachen Kopplung zwischen Flankenbauteil und trennendem Bauteil ausgegangen wird. Das heißt, dass es am Knotenpunkt zwischen Flanken- und Trennbauteil keinen wesentlichen Energieübergang vom einen zum anderen Bauteil gibt. Die Übertragung über das Flankenbauteil enthält damit nur den Weg Ff, nicht aber die Wege Fd und Df. Dies kann unter den üblichen baulichen Bedingungen z. B. für

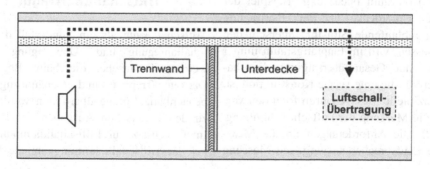

Abb. 29 Flankierende Luftschallübertragung über den Hohlraum einer abgehängten Unterdecke

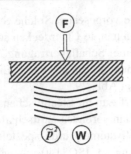

Abb. 30 Übertragungsfunktion für die Körperschallanregung von Bauteilen

durchlaufende Unterdecken, Hohlraumböden,
aber auch leichte durchlaufende Fassaden als gültig angenommen werden.

Unter diesen Bedingungen darf im Prüfstand
die Trennwand zwischen Sende- und Empfangsraum nicht starr mit dem durchlaufenden
Flankenbauteil gekoppelt sein. Die Trennwand
ist somit nicht Bestandteil des Prüfaufbaus. Sie
übernimmt lediglich die Funktion, beide Räume
akustisch von einander zu trennen. Sie muss
darum als hochschalldämmende Wand aufgebaut
werden, die die direkte Luftschallübertragung
unterdrückt. Wie eine solche Trennwand als
mehrschalige Leichtbaukonstruktion ausgeführt
werden soll, wird in ISO 10848-1 beschrieben.

Die Interessierende Kenngröße zur
Beschreibung der Luftschallübertragung ist
in diesem Fall die Norm-Flankenschallpegel-
differenz, die nach Gl. (33) als

$$D_{nf} = L_1 - L_2 - 10 \lg \frac{A}{A_0} \quad \text{dB} \quad (98)$$

geschrieben wird. Es ist zu berücksichtigen, dass
bei Bauteilen mit durchlaufenden Hohlräumen
nicht zwischen der Übertragung des Luftschalls im Hohlraum (siehe o. g. Beispiel der
abgehängten Unterdecke) und der Übertragung
über die durchlaufende Struktur unterschieden
wird. Gemessen wird im Empfangsraum immer
die resultierende Gesamtübertragung, die charakteristisch für die untersuchte Konstruktion ist.

Das prinzipielle Messverfahren folgt den Vorgaben für die Messung der Luftschalldämmung.
Dies betrifft die Anforderungen an die Messgeräte, die Lautsprecheranregung, die Messung

der Schallpegel im Sende- und Empfangsraum,
die Messung der Nachhallzeit und die
Anwendung der Fremdgeräuschkorrektur.

Besondere Anforderungen ergeben sich
für Prüfstände zur Messung der Flankenübertragung. Die grundlegenden Vorgaben enthält
ISO 10848-1. Bezüglich Raumvolumina, Nachhallzeiten in den Messräumen, Anforderungen
an die Diffusität der Schallfelder etc. gelten dieselben Festlegungen, die bereits für Prüfstände
zur Messung der Luft- und Trittschalldämmung
in ISO 10140-5 formuliert wurden. Erfahrungs-
gemäß hängen die erzielten Messergebnisse
der Flankenübertragung von der Bauteilgröße
ab. Damit für die Prüfung der infrage kommenden Systeme vergleichbare Abmessungen
zugrunde gelegt werden können und zwischen unterschiedlichen Prüfständen eine ausreichende Vergleichbarkeit der Messergebnisse
herrscht, muss nach ISO 10848-2 die Prüf-
standsbreite (4,5 ± 0,5) m und die Prüfstands-
höhe mindestens 2,3 m betragen. Die gemessene
Norm-Schallpegeldifferenz soll die Produkteigenschaften des geprüften Systems charakterisieren. Deshalb darf nur die resultierende
Schallübertragung über das flankierende Prüfobjekt, nicht aber die Schallübertragung über
die flankierenden Bauteile des Prüfstandes zum
gemessenen Schalldruckpegel im Empfangsraum beitragen. Aus diesem Grund muss die
Schallübertragung über den Prüfstand durch
eine Trennfugen und/oder Vorsatzschalen unter-
bunden werden.

5   Messung der Trittschalldämmung und Trittschallübertragung

Trittschall kann als ein Sonderfall der Körperschallanregung und -Übertragung betrachtet
werden. Geräusche, die beim Begehen von
Decken, Treppen und Gebäudezugängen in
benachbarte Räume übertragen werden, zählen
zu den klassischen Aufgaben der Bauakustik.
Im Gegensatz zur Luftschalldämmung geht es
bei der Trittschalldämmung um die Dämmung

gegenüber einer mechanischen Anregung. Die Trittschalldämmung beschreibt im weiteren Sinne deshalb die Dämmeigenschaften von Bauteilen gegenüber einer Körperschallanregung. Neben der Beschreibung der Dämmeigenschaften geht es zusätzlich aber auch um die Minderung von Trittschall durch zusätzliche Maßnahmen, wie schwimmende Estriche oder Bodenbeläge, die zum Schutz gegen Trittschallanregung verwendet werden können. Messmethoden zur Erfassung und Kennzeichnung der trittschalldämmenden Eigenschaften von Bauteilen gehören zum Grundrepertoire der bauakustischen Messtechnik.

5.1   Grundprinzip der Messung der Trittschalldämmung

Eigentlich vermutet man, dass es bei der Trittschalldämmung um die Beschreibung der Anregung und Übertragung von durch Gehvorgänge verursachten Geräuschen geht. Wollte man allerdings der Messung der Trittschalleigenschaften möglichst praxisnahe und realistische Gehvorgänge zugrunde legen, dann müssten diese auch repräsentativ im Messverfahren abgebildet werden. Dass dies erhebliche grundsätzliche Probleme hervorrufen würde, ist offensichtlich. So wie bei der Messung und Beschreibung der Luftschalldämmung eine von der Art des Anregespektrums unabhängige Darstellung im Sinne einer Übertragungsfunktion vorgesehen wurde (siehe Abschn. 4.1 „Luftschalldämmung, Grundzüge des Verfahrens"), ist es nahe liegend, auch für die Trittschalldämmung ein vergleichbares Verfahren heranzuziehen. Die charakteristische Übertragungsfunktion könnte in diesem Fall z. B. durch das Verhältnis einer anregenden Kraft $\tilde{F}^2$ zur von der angeregten Struktur abgestrahlten Schallleistung W über

$$\ddot{U}_{KS} = \frac{W}{\tilde{F}^2} \qquad (99)$$

beschrieben werden.

Die Bestimmung einer solchen Körperschallübertragungsfunktion setzt also die Anregung mit einer definierten Kraft und die Messung der abgestrahlten Luftschallleistung voraus (siehe Abb. 30). Während die Bestimmung der Luftschallleistung bereits für die Luftschalldämmung gelöst wurde, besteht das messtechnische Problem in der Realisierung der Körperschallanregung und der Bestimmung des dabei wirksamen Kraftspektrums. Messtechnische Lösungen sind verfügbar, z. B. die stationäre Anregung mit einem elektrodynamischen Schwingerreger (siehe hierzu die entsprechenden Ausführungen in Abschn. 7.1 in [187]) oder die transiente Anregung mit einem Impulshammer (siehe hierzu Abschn. 7.2 in [187]), wenn gleichzeitig die Anregekräfte über Kraftaufnehmer gemessen werden. Auf der Basis solcher Körperschallübertragungsfunktionen wurden entsprechende Messverfahren entwickelt und erprobt, wie sie z. B. in [62] zur Bestimmung der „Körperschallempfindlichkeit" beschrieben werden. Abb. 31 zeigt als Beispiel den Einsatz eines Impulshammers bei der Messung der Körperschallübertragungseigenschaften einer Holz-Wangentreppe.

Allerdings haben sich solche Methoden in der üblichen bauakustischen Messtechnik nicht durchgesetzt. Als die heute geltenden Regelwerke zur Messung der Trittschalldämmung formuliert wurden (zum ersten mal wurde in Deutschland 1938 ein Hammerwerk in eine Norm – DIN 4110-1938 [63] – eingeführt, ein erster internationaler Normentwurf bei ISO unter Einbeziehung des Norm-Hammerwerks wurde 1948 vorgelegt) hätten auf dem Hintergrund der klassischen bauakustischen Messtechnik solche Vorgehensweisen auch den Rahmen der üblichen messtechnischen Betätigung gesprengt. Die Verfasser der in den nationalen und internationalen Normen niedergelegten Verfahren haben sich deshalb bei der Messung der Trittschalldämmung zu einem anderen Vorgehen entschlossen.

Das festgelegte Verfahren folgt dem Ansatz, dass eine genormte Körperschallquelle verwendet wird, die einfach betrieben werden kann und von der angenommen wird, dass sie eine definierte und gleich bleibende Körperschallanregung liefert. Die Hypothese ist also: wenn immer die gleiche Quelle (mit den gleichen Anregeeigenschaften) verwendet wird, dann muss die anregende Kraft, auch

Abb. 31 Messung der Körperschallübertragungseigenschaften einer Holz-Wangentreppe mit dem Impulshammer

Kurzschlusskraft genannt, nicht mehr gemessen werden. Es muss nur noch die Empfangsgröße, d. h. der an einem vorgegebenen Empfangsort abgestrahlte Luftschall, gemessen werden. Da immer mit der gleichen Quelle angeregt wird, können solche Schallpegel – als Kenngröße der Körperschallübertragungseigenschaften – unmittelbar miteinander verglichen werden. Sie können auch zur Kennzeichnung der Bauteileigenschaften und zur Formulierung bauakustischer Anforderungen verwendet werden.

Dieser Ansatz führte zur Definition des Norm-Hammerwerks als der dafür vorgesehenen Körperschallquelle und des Norm-Trittschallpegels als der ihm zugeordneten Kenngröße für die Trittschallübertragung.

Als rein mechanische Quelle nutzt das Norm-Hammerwerk die Stoßkräfte, die durch eine im freien Fall auf der anzuregenden Struktur auftreffenden Masse entstehen. Eine detaillierte Beschreibung des Norm-Hammerwerks findet sich in Abschn. 5.2. Abb. 32a und 32b zeigen zwei Varianten des Norm-Hammerwerks. Das daraus resultierende Messprinzip ergibt sich aus

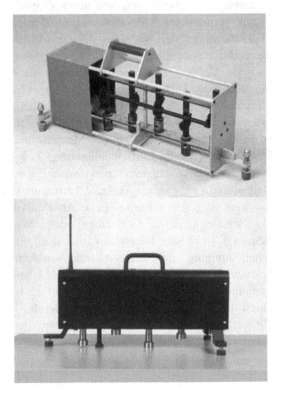

Abb. 32 a Normhammerwerk mit offenem Gehäuse **b** Normhammerwerk mit geschlossenem Gehäuse. (Bild: Norsonic)

Abb. 33. Die messtechnischen Einzelheiten des Messverfahrens werden in Abschn. 5.7 erläutert.

Das betrachtete Bauteil wird durch das Norm-Hammerwerk, das in ISO 10140-5 näher beschreiben wird, angeregt. Ein Senderaum im Sinne der bei der Messung der Luftschalldämmung geltenden Voraussetzungen ist in diesem Falle nicht erforderlich, da es sich ja um eine Körperschallanregung handelt. Gemessen wird der Schalldruckpegel L_i im Empfangsraum, der Trittschallpegel genannt wird. Wie bei der Luftschalldämmung werden auch hier für das Schallfeld Diffusfeldbedingungen angenommen, aus denen sich dieselben messtechnischen Konsequenzen ergeben. Deshalb ist zu berücksichtigen, dass der Schallpegel im Empfangsraum von der absorbierenden Ausstattung des Raumes abhängt. Es wird deshalb auf eine normierte äquivalente Absorptionsfläche $A_0 = 10\ \mathrm{m}^2$ (Bezugsabsorptionsfläche) bezogen:

$$L_n = L_i + 10 \lg \frac{A}{A_0} \qquad (100)$$

Der derart normierte Pegel wird Norm-Trittschallpegel L_n genannt.

Da Diffusfeldbedingungen vorausgesetzt werden, hätte anstelle des Norm-Trittschallpegels auch unmittelbar der Schallleistungspegel des übertragenen Trittschalls bestimmt werden können

$$L_W = L_i + 10 \lg \frac{A}{\mathrm{m}^2} - 6\,\mathrm{dB} \qquad (101)$$

der mit dem Norm-Trittschallpegel über

$$L_W = L_n + 10 \lg \frac{A_0}{\mathrm{m}^2} - 6\,\mathrm{dB} \qquad (102)$$

zusammenhängt. Unter der Annahme einer definierten anregenden Kraft stellt der Norm-Trittschallpegel also tatsächlich eine Körperschallübertragungsfunktion im Sinne von Gl. (99) dar.

Grundsätzlich muss der Trittschallpegel nicht zwangsläufig direkt unter dem angeregten Bauteil gemessen werden. Dies ist zwar (bei Prüfstandsmessungen) der vorgesehene Fall zur Charakterisierung der trittschalldämmenden Eigenschaften von Bauteilen. Jedoch sind (bei Messungen in Gebäuden) auch beliebige andere Übertragungssituationen möglich, z. B. die horizontale Trittschallübertragung zwischen nebeneinander liegenden Räumen (siehe Abb. 42).

Wie bei der Luftschalldämmung kann auch hier die äquivalente Absorptionsfläche A aus der Nachhallzeit T mithilfe der Sabineschen Formel bestimmt werden. Es gelten dafür die in Abschn. 4.5.2 genannten messtechnischen Bedingungen.

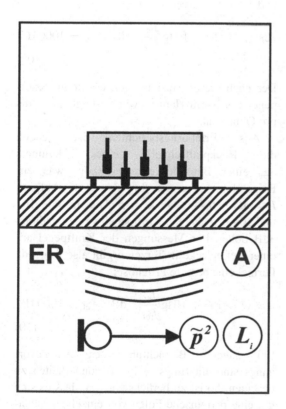

Abb. 33 Messprinzip für die Trittschalldämmung ER: Empfangsraum, L_i: Trittschallpegel, A: äquivalente Absorptionsfläche

5.2 Das Norm-Hammerwerk und seine Anregeeigenschaften

Um eine reproduzierbare Anregung sicherzustellen, werden die mechanischen Eigenschaften des Norm-Hammerwerks in

ISO 10140-5 verbindlich innerhalb einzuhaltender Toleranzen festgelegt. Es werden 5 Hämmer im Abstand von jeweils 100 mm mit einer Masse von je 500 g und eine Fallhöhe von 40 mm verwendet. Da die Kontaktgeometrie für das erzeugte Kraftspektrum von Bedeutung ist, werden für die Schlagfläche der Hämmer ein Durchmesser von 30 mm und eine sphärische Oberfläche mit einem Verrundungsradius von 500 mm gefordert. Durch einen automatischen Antrieb wird das Hammerwerk so betrieben, dass jeder Hammer mit einer Frequenz von 2 Hz fällt, sodass sich für die 5 Hämmer insgesamt eine Schlagfrequenz von 10 Hz ergibt. Dies entspricht einem Abstand der aufeinander folgenden Hammerschläge von 100 ms. Zusätzlich wird gefordert, dass das Hammerwerk auf schwingungsisolierten Füßen aufgestellt werden kann. Die Kontrolle der genannten Vorgaben hat auf einer ebenen harten Oberfläche zu erfolgen. Nach den Richtlinien der PTB [52] sind dabei Aufschlaggeschwindigkeit, Schlagfolge, Fallhöhe, Zustand der Hammerschlagflächen und der Aufstellfüße sowie Krümmungsradius der Schlagflächen zu überprüfen.

Wenn unter den genannten Vorgaben die Masse eines Hammers im freien, reibungslosen Fall auf der Oberfläche der anzuregenden Struktur auftrifft, muss sie beim Aufprall die Geschwindigkeit

$$v = \sqrt{2gh} = 0{,}886 \, m/s \qquad (103)$$

haben. Das ist die Größe, die bei der messtechnischen Qualitätssicherung überprüft werden sollte, um die mechanische Funktionsfähigkeit sicherzustellen.

Der beim Aufprall vorhandener Impuls

$$I = mv + mv_r \qquad (104)$$

wobei v_r der Betrag der Rückprallschnelle eines Hammers, also in entgegengesetzt Fallrichtung, ist. Wenn angenommen wird, dass der Hammer nach dem Aufprall in Ruhe ist ($v_r = 0$) kann unter Heranziehen der für das Norm-Hammerwerk geltenden Vorgaben ($h = 0{,}04$ m; $m = 0{,}5$ kg; $f_s = 10$ Hz; $g = 10$ m/s^2) und unter der Annahme, dass die Kraftimpulse von sehr kurzer Dauer sind, der Spitzenwert der

Hammerwerkskraft F [N] im Frequenzintervall Δf mit

$$\left| F_{\Delta f} \right|^2 = 4 f_s I^2 \Delta f = 8 \Delta f \qquad (105)$$

berechnet werden [20]. Das Kraftspektrum in Terzen mit der Mittenfrequenz f_m ergibt sich daraus, ebenfalls für Spitzenwerte, zu

$$\left| F_{\Delta f} \right|^2 = 1{,}85 f_m \quad [N^2] \qquad (106)$$

bzw. als Pegelspektrum für Effektivwerte mit $F_0 = 10^{-6}$N zu

$$L_{F,\Delta f} \approx 150 + 10 \lg \frac{f_m}{f_{ref}} \quad dB \quad f_{ref} = 1000 \, Hz \tag{107}$$

In Oktavbändern gilt entsprechend

$$\left| F_{\Delta f} \right|^2 = 5{,}66 f_m \quad [N^2] \qquad (108)$$

und

$$L_{F,\Delta f} \approx 155 + 10 \lg \frac{f_m}{f_{ref}} \quad dB \quad f_{ref} = 1000 \, Hz \tag{109}$$

Der nach diesen Beziehungen ermittelte Kraftpegel des Norm-Hammerwerks steigt mit 3 dB pro Oktave an.

Aus Erfahrungsberichten ist jedoch die Rückprallschnelle eines Hammers auf einer Betondecke etwa 0.4v, was zur Folge hat, dass der Impuls beim Aufprall $I \approx m(1 + 0.4)v \approx mv\sqrt{2}$ ist. Die in Gl. 107 und 109 berechneten Kraftpegel werden dadurch 3dB höher. Für Messungen der Kraftpegel auf einer Betondecke in Terzen ergibt also folgende Formel eine bessere Prognose:

$$L_{F,\Delta f} \approx 153 + 10 \lg \frac{f_m}{f_{ref}} \quad dB \quad f_{ref} = 1000 \, Hz \tag{110}$$

Bei näherer Betrachtung des Anregevorgangs sind allerdings einige Besonderheiten zu beachten. So ist zu berücksichtigen, dass es sich um eine periodische Folge von einzelnen Schlägen mit einer Schlagfrequenz von 10 Hz handelt. Das Spektrum der Kraft kann dafür durch eine

Fourierreihe dargestellt werden, deren Fourier-koeffizienten aus dem Zeitverlauf der Kraft berechnet werden (siehe hierzu z. B. [20, 64]. Das Spektrum ist also ein Linienspektrum, bei dem die Frequenzen der einzelnen Komponenten ganzzahlige Vielfache der Grundfrequenz 10 Hz sind. Diese Besonderheit kann dazu führen, dass bei Bauteilen mit geringer Modendichte je nach Frequenz der einzelnen Moden manche Moden angeregt werden, andere hingegen nicht. Dies kann Auswirkungen auf die Vergleichbarkeit von Messergebnissen haben, wenn sich die Moden-verteilung zweier ansonsten gleicher Prüfobjekte aufgrund von Einspannbedingung oder aktueller Prüffläche unterscheiden.

Des Weiteren muss berücksichtigt wer-den, dass die Amplituden des diskreten Kraft-spektrums vom Zeitverlauf des Einzelschlages abhängen. Für den Stoßvorgang auf ideal starrer Oberfläche kann eine gleichbleibende Amplitude aller spektralen Komponenten im gesamten Frequenzbereich angenommen wer-den. Wenn für den Zeitverlauf der Kraft kein idealer (bzw. ausreichend kurzer) Stoßvorgang mehr vorausgesetzt werden kann, was z. B. auf weichen Bodenbelägen der Fall ist, dann neh-men die Amplituden der Spektrallinien ab einer bestimmten Frequenz ab. Auf die Abhängig-keit des Anregespektrums von den aktuellen Stoßbedingungen wird detailliert in [65, 66 und 105] eingegangen. Es ist also nicht berechtigt, von einem stets gleichen Kraftspektrum des Norm-Hammerwerks auszugehen.

Ein weiterer beachtenswerter Aspekt ergibt sich, wenn die in die angeregte Struk-tur eingeleitete Körperschallleistung betrachtet wird, die ja für die auf der Struktur sich ein-stellende Schnelle verantwortlich ist. Mit der der anregenden Kraft F und der Impedanz $\underline{Z}_S$ der angeregten Struktur gilt nach [20] für die Körperschallleistung P die bekannten Beziehung

$$P = \frac{1}{2}|F|^2 \mathrm{Re}\left\{\frac{1}{\underline{Z}_S}\right\} \qquad (111)$$

Um die Wirkung des auf die Oberfläche auf-treffenden Hammers zu berücksichtigen, kann

in einem einfachen Ansatz [20] die Impedanz des Hammers der Impedanz der Struktur vor-geschaltet werden. Da die Hammerimpedanz als Masseimpedanz betrachtet werden kann, gilt dann statt Gl. (111)

$$P = \frac{1}{2}|F|^2 \mathrm{Re}\left\{\frac{1}{\underline{Z}_S + j\omega m}\right\} \qquad (112)$$

Die in eine Platte eingeleitete Körperschall-leistung kann nach [20] auch über den mittleren Spitzenwert der Schnelle $\bar{v}^2$ auf der Platte, deren Fläche S, ihre flächenbezogene Masse m'' und ihren Verlustfaktor η aus

$$P = \frac{1}{2}\omega\eta m'' S \bar{v}^2 \qquad (113)$$

bestimmt werden. Wenn die Schnelle auf der Platte als die maßgebliche Größe für den über-tragenen Trittschall betrachtet wird, gilt dafür mit Gl. (112) und Gl. (113)

$$\bar{v}^2 = \frac{|F|^2}{\omega\eta m'' S}\mathrm{Re}\left\{\frac{1}{\underline{Z}_S + j\omega m}\right\} \qquad (114)$$

Solange die Hammermasse klein gegenüber der Strukturimpedanz ist, was z. B. bei ausreichend schweren Decken der Fall ist, kann sie bei der Leistungsübertragung vernachlässigt werden. Die Schnelle auf der Platte hängt nur von den Platteneigenschaften ab. Das entspricht der Zielsetzung, die Trittschalleigenschaften des betrachteten Bauteils zu charakterisieren. Bei leichten Deckenkonstruktionen ist das jedoch nicht mehr zwangsläufig sichergestellt. Hier kann unter Umständen die Hammermasse das Ergebnis beeinflussen, sodass die Bauteil-charakterisierung durch die Quelleigenschaften des Hammerwerkes „verfälscht" wird.

5.3 Alternativen zum Norm-Hammerwerk

Solange wie das Norm-Hammerwerk existiert, solange gibt es auch eine bis heute andauernde

Diskussion um die Vor- und Nachteile dieser Körperschallquelle und die mit ihm in Verbindung stehenden Mess- und Beurteilungsverfahren. Immer wieder werden dabei Alternativen zum Norm-Hammerwerk vorgeschlagen und zum Einsatz gebracht.

5.3.1 Grundsätzliche Fragestellungen zur Anwendung des Norm-Hammerwerks

Da der Norm-Trittschallpegel per Definition unmittelbar an die Existenz des Norm- Hammerwerkes und dessen Eigenschaften gekoppelt ist, kann er auch nur mit dem Norm-Hammerwerk gemessen werden. Die Verwendung anderer Quellen zur Körperschallanregung muss deshalb zwangsläufig zu anders definierten Kenngrößen für die Trittschalldämmung führen oder bestenfalls zu Näherungen für den Norm- Trittschallpegel. Wenn nach der Zweckmäßigkeit des Norm-Hammerwerks gefragt wird, muss allerdings zuerst die Zweckbestimmung geklärt sein: geht es lediglich um die Bestimmung einer Übertragungsfunktion oder um die Beurteilung hinsichtlich realer Gehvorgänge? Bei beiden Zielsetzungen gibt es gravierende Einschränkungen, sodass schon frühzeitig Kritik an der Verwendung des Norm- Hammerwerkes geäußert wurde und seine Zweckmäßigkeit bis heute immer wieder infrage gestellt wird. Eine ausführliche Zusammenstellung einschlägiger Positionen findet sich in [67].

Ausgehend von Gl. (99) könnte man das Ziel aus rein technischer Sicht in der Darstellung einer Übertragungsfunktion sehen. Dann wäre die zu lösende Frage nicht, wie ein Gehvorgang möglichst praxisnah nachzubilden wäre, sondern es wäre lediglich sicherzustellen, dass die messtechnischen Voraussetzungen einer reproduzierbaren und definierten Anregung erfüllt werden. Allerdings zeigten die vorangehenden Ausführungen, dass alleine aus physikalischen Gründen eine unabhängig von der anzuregenden Struktur gleiche Anregung nicht für alle infrage kommenden Deckenkonstruktionen möglich ist. So kann von einer Quelle, die unabhängig von der angeregten Struktur immer dasselbe Kraftspektrum liefert, nur ausgegangen werden, wenn

sich die Quelle als Kraftquelle betrachten lässt. Dies setzt voraus, dass die Quellimpedanz sehr viel kleiner als die Impedanz der angeregten Struktur ist. Bei leichten Deckenkonstruktionen ist diese Voraussetzung nicht mehr zwangsläufig erfüllt. Darüber hinaus ist zu berücksichtigen, dass die weichfedernden Eigenschaften von Bodenbelägen den Zeitverlauf des Stoßvorgangs und damit auch das Anregespektrum verändern (siehe [65 und 66]). Somit kann das Norm-Hammerwerk nur eingeschränkt zur Bestimmung von Übertragungsfunktionen eingesetzt werden.

Im Gegensatz zur englischsprachigen Formulierung in ISO 10140-3 und ISO 16283-2, wo für das vom Norm-Hammerwerk erzeugte Geräusch von „impact sound pressure level" die Rede ist, sprechen die deutschsprachigen Ausgaben dieser Regelwerke vom „Trittschallpegel". Dies führt zur berechtigten Frage, was die Anregung durch das Norm-Hammerwerk mit der tatsächlichen Anregung beim Gehen zu tun hat. An dieser Fragestellung hat sich schon frühzeitig eine bis heute immer wieder aufgegriffene Diskussion entzündet.

So wird zuerst immer wieder darauf hingewiesen, dass der Normtrittschallpegel weder physikalisch noch von der subjektiven Beurteilung her einen realen Gehvorgang repräsentiert. Bereits in [68] wird detailliert der Zusammenhang zwischen Hammerwerksanregung und Gehvorgängen untersucht. Wie Gl. (109) zeigt, steigt der Kraftpegel des Norm-Hammerwerks (auf ideal starrer Oberfläche) mit 3 dB pro Oktave an. Dies ist für die meisten Anregevorgänge bei normalem Gehen nicht der Fall. Diese neigen eher dazu, verstärkt die tiefen Frequenzen anzuregen (siehe z. B. Abb. 35 und 37. Das Anregespektrum des Norm-Hammerwerks liefert somit für viele reale Gehvorgänge keine zufriedenstellende Übereinstimmung mit dem tatsächlichen Anregevorgang. Lediglich Anregevorgänge, die denen des harten Aufschlages beim Normhammerwerk ähnlich sind, wären damit angemessen zu realisieren. Aus physikalischer Sicht wäre darüber hinaus sicherzustellen, dass die Impedanzbedingungen zwischen

Körperschallquelle und angeregter Struktur dem natürlichen Gehvorgang nachgebildet werden. Auf diese Fragestellung wird neuerdings wieder verstärkt eingegangen [69–72]. Notwendigerweise sind die hier angesprochenen technischen Aspekte durch die Frage nach der subjektiven Beurteilung von Gehgeräuschen im Vergleich zu künstlichen Trittschallquellen wie dem Norm-Hammerwerk zu ergänzen. Hierauf wird beispielsweise in [73–75] eingegangen.

So ist das Norm-Hammerwerk in der Gesamtbilanz eine Lösung, die weder dem einen noch dem anderen Ansatz voll Genüge leisten kann. Trotz der bekannten Unzulänglichkeiten hat es sich aber als Konvention durchgesetzt und ist zum internationalen Standard geworden, von dem nur schwer wieder abzurücken wäre.

Dennoch werden Alternativen zum Norm-Hammerwerk eingesetzt, die nachfolgend kurz erläutert werden sollen. Der Bedarf nach Alternativen wird aus zwei Gründen geltend gemacht: erstens werden Körperschallquellen gesucht, die mit realen Gehvorgängen besser korrelieren. Zweitens besteht Bedarf an Quellen, die eine vereinfachte Anregung erlauben und das Norm-Hammerwerk ersetzen wollen, ohne seine Existenz infrage zu stellen. Zur ersten Kategorie gehören Quellen wie das sog. „modifizierten Hammerwerk", ein Gummiball oder die sog. „Bang Machine", die auch Eingang in genormte Festlegungen gefunden haben. Das modifizierte Hammerwerk und ein Gummiball („schwere weiche Trittschallquelle" genannt) sind in ISO-10140-5 festgelegt worden. Die Vorgaben für die Bang Machine finden sich in einer japanischen [76] und einer koreanischen Norm [77]. Zur zweiten Kategorie gehören nicht genormte Hammerwerke, die nicht mit mechanisch betriebenen Hämmern sondern z. B. mit nach dem elektrodynamischen Prinzip bewegten Stößeln arbeiten.

5.3.2 Genormte Körperschallquellen zur Messung der Trittschalldämmung

Um gegenüber dem Norm-Hammerwerk auch Anregevorgänge mit tieffrequenter Anregung vorsehen zu können, werden in ISO 10140-5 mit dem modifizierten Hammerwerk und einem Gummiball ergänzend zwei weitere Körperschallquellen festgelegt.

Modifiziertes Hammerwerk
Die dem modifizierten Hammerwerk zugrunde gelegte Idee geht allerdings über den Ansatz hinaus, lediglich ein ähnliches Anregespektrum wie Gehvorgänge mit weichem Stoß zu liefern, wie z. B. Barfuß-Gehen. Um die Verhältnisse beim Anregevorgang physikalisch korrekt zu realisieren, müsste auch die Impedanz der Körperschallquelle derjenigen beim realen Gehvorgang nachgebildet werden. Ausgehend von Untersuchungen in [69] wird eine elastische Zwischenschicht zwischen Hammer und angeregter Struktur verwendet, die den Federcharakter der nachzubildenden Quellimpedanz realisieren soll. Dies kann nach ISO 10140-5 dadurch erreicht werden, dass entweder die Schlagflächen der Hämmer des Norm-Hammerwerkes mit einer Feder, z. B. einer elastischen Schicht definierter Eigenschaften (dynamische Steifigkeit $s = 24$ kN/m $\pm$ 10 %, Verlustfaktor $0{,}2 < \eta < 0{,}5$) versehen werden oder im Aufschlagbereich der Hämmer eine elastische Schicht definierter Eigenschaften (dynamische Steifigkeit je Flächeneinheit $s' = 34$ MN/m² $\pm$ 10 %, Verlustfaktor $0{,}2 < \eta < 0{,}5$) auf die Oberfläche der zu prüfenden Decke aufgelegt wird (siehe Abb. 34). In beiden Fällen muss die beim Norm-Hammerwerk festgelegte Fallhöhe der Hämmer von 40 mm eingehalten werden.

Die Messung erfolgt nach denselben Vorgaben, die für die Messung des Norm- Trittschallpegels mit dem Norm-Hammerwerk festgelegt wurden (siehe Abschn. 5.8.4). Abb. 35 zeigt zum Vergleich die Schalldruckpegel, die bei Anregung einer leichten Treppe durch den normalen Gehvorgang, das Norm-Hammerwerk und das modifizierte Hammerwerk in einem benachbarten Empfangsraum erzeugt werden. Es ist deutlich erkennbar, dass beim Normhammerwerk mittlere und hohe Frequenzen gegenüber dem Gehvorgang stark überbetont werden, während das modifizierte Hammerwerk in der Lage ist, den spektralen Verlauf des Gehvorgangs zufriedenstellend darzustellen. Als nachteilig für die praktische Anwendung erweist

Abb. 34 Modifiziertes Hammerwerk bei der Trittschallanregung einer Treppe

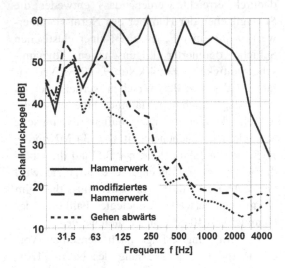

Abb. 35 Schalldruckpegel bei unterschiedlicher Anregung einer Treppe. (Messung im Nachbarraum)

sich der vergleichsweise niedrige Trittschallpegel des modifizierten Hammerwerks.

Gummiball
Einzelne Stöße mit tieffrequenter Anregung, wie sie z. B. durch springende Kinder verursacht werden, aber auch Gehvorgänge mit „weicher" Anregecharakteristik können mit einem fallenden Gummiball realisiert werden. Abb. 36 zeigt den Ball und Abb. 37 den

Vergleich der gemessenen Kraftspektren bei der Anregung einer massiven Decke durch Gehen, Norm-Hammerwerk und Gummiball. Der Ball wird in ISO 10140-5 spezifiziert. Er wird dort „schwere/weiche Trittschallquelle" genannt. Bereits lange vor der Berücksichtigung in der ISO-Normung wurden in Japan mit einer entsprechenden Quelle Erfahrungen gesammelt und dafür dann in [76] Festlegungen getroffen. Angaben zur Entwicklung dieser Quelle werden in [78] gemacht. Eine detaillierte Übersicht über Eigenschaften, Anwendung und Interpretation von Ergebnissen des Gummiballs enthält [79]. Die maßgebliche einzuhaltende Eigenschaft dieser Quelle ist nach ISO 10140-5 der sogenannte Trittkraftereignispegel L_{FE}, der über

$$L_{FE} = 10 \lg \left(\frac{1}{T_0} \int_{t_1}^{t_2} \frac{F^2(t)}{F_0^2} dt \right) \quad \text{dB} \quad (115)$$

definiert wird und aus der Integration des blockierten Kraftsignals $F(t)$ über die Zeitdauer des Stoßvorganges $t_2 - t_1$ sowie Bezug auf eine Referenzzeit $T_0 = 1$ s und eine Referenzkraft $F_0 = 1$ N ermittelt wird. Er muss in den Oktavbändern 31,5 Hz bis 500 Hz vorgegebene Werte einhalten. Diese Werte gelten für eine Fallhöhe

Abb. 36 Gummiball zur Anregung von Trittschall

von 100 cm die auch für die Messungen vorgesehen wird. Genaue Spezifikationen der Balleigenschaften sollen die Einhaltung dieser Werte ermöglichen. Deshalb werden Form und Größe des Balles (Durchmesser 180 mm, Wanddicke 30 mm), die Materialeigenschaften, die Masse (2,5 kg ± 0,1 kg) und der Rückprallkoeffizient (0,8 ± 0,1) festgelegt.

Wie in ISO 10140-3 beschrieben erfolgt die Körperschallanregung durch das Fallenlassen des Balles aus 1,00 m Höhe an mindestens 4 Stellen auf der Decke, eine davon über den Balken und eine in Deckenmitte. Aufgrund der andersartigen Anregung, die nun nicht mehr

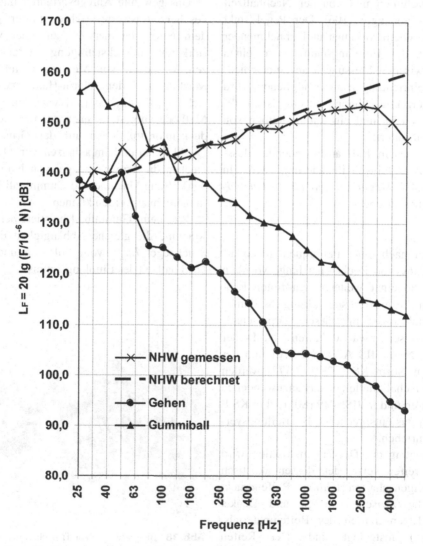

Abb. 37 Kraftpegel bei Anregung einer Decke mit Norm-Hammerwerk, Gehen und Gummiball

einem stationären sondern einem transienten Vorgang entspricht, wird eine modifizierte Messmethode angewendet. Die Messung des Trittschallpegels erfolgt mit festen Mikrofonen an mindestens 4 Stellen, für die die Vorgaben des regulären Verfahrens gelten. Die Messung ist in Terzbändern im Frequenzbereich von 50 Hz bis 630 Hz durchzuführen. Damit wird dem tieffrequenten Charakter der Anregung Rechnung getragen. Für jede Anregeposition muss der „Fast" zeitlich gewichtete maximale Schalldruckpegel $L_{F\mathrm{max}}$ an mindestens 4 Messpositionen gemessen werden.

Der Schalldruckpegel $L_{F\mathrm{max}}$ ist jedoch von dem Raumvolumen und von der Nachhallzeit des Raumes abhängig [106]. Der Pegel sinkt mit zunehmendem Volumen und abnehmender Nachhallzeit des Empfangsraums. Um einen Vergleich zwischen Messungen an unterschiedlichen Prüfeinrichtungen zu ermöglichen, wird mit einer Korrekturrechnung auf eine Nachhallzeit von $T = 0{,}5$ s und ein Raumvolumen von $V = 50$ m^3 normiert.

Das mit diesem Ball anzuwendende Messverfahren zur Trittschallminderung wird in Abschn. 5.8.4 („*Messungen mit einem Gummiball*") kurz beschrieben.

Bang Machine
Der Wunsch nach einer tieffrequenten stoßartigen Anregung von Decken hat lange vor dem Gummiball zu einer weiteren genormten Realisierung in Form der sog. „Bang Machine" geführt. Erfahrungen mit dieser Körperschallquelle liegen seit etwa 30 Jahren vor. In der japanischen Norm JIS A 1418-2 [76] und der koreanischen Norm KS F 2810-2 [77] werden diese Körperschallquelle und das anzuwendende Messverfahren und in JIS 1419 [80] und in KS F 2863-2 [81] das entsprechende Beurteilungsverfahren beschrieben.

Zur Anregung der Deckenkonstruktion wird ein Gummireifen verwendet, dessen akustisch relevante Eigenschaften (Größe, Reifendruck, Kontaktfläche zwischen Reifen und Decke, elastische Eigenschaften des Reifenmaterials, Reifenmasse) festgelegt sind. Der Reifen

befindet sich an einem drehbar gelagerten Arm der Maschine (siehe Abb. 38), der einen freien Fall aus etwa 85 cm Höhe erlaubt. Der Fallvorgang wird in Abständen von ca. 1,7 s mehrfach wiederholt. Die festgelegten Eigenschaften des Reifens und der Fallhöhe führen zu definierten Bedingungen für die auftretende Maximalkraft und die Dauer des Aufpralls. Der durch den Stoßvorgang verursachte maximale Schalldruckpegel $L_{F\mathrm{max}}$ wird im Frequenzbereich 50 bis 630 Hz im unter der Decke liegenden Raum gemessen und als über mehrere Fallvorgänge, Anrege- und Messorte gemittelte Größe für die Beurteilung ausgewertet.

Das gewählte Anregeverfahren und das vorgesehene Auswerteverfahren führen gegenüber dem Norm-Hammerwerk zu einer wesentlich stärkeren Berücksichtigung tiefer Frequenzen. Vergleiche von Messungen mit der Bang Machine und dem Norm-Hammerwerk findet sich in [82, 83]. In [83] wird außerdem eine Methode vorgestellt, nach der für leichte Holzdeckenkonstruktionen auf der Grundlage von Quellkräften und Impedanzen von Quellen und Decken die Trittschallpegel von Normhammerwerk, Bang Machine und Gummiball ineinander umgerechnet werden können.

Wie beim Gummiball existiert bei der Bang Machine die gleiche Abhängigkeit der Schalldruckpegel $L_{F\mathrm{max}}$ vom Volumen und von der Nachhallzeit des Empfangsraums.

Abb. 38 Bang Machine zur Trittschallmessung

5.3.3 Nicht genormte Schallquellen zur Körperschallanregung

Schallquellen, die eine einfache und vielseitige Körperschallanregung ermöglichen sollen, sind in unterschiedlichen technischen Realisierungen verfügbar. Sie eignen sich für unterschiedliche messtechnische Fragestellungen, bei denen eine Körperschallanregung erforderlich ist, sind aber nicht genormt. Sie werden auch für Messungen der Trittschalldämmung eingesetzt.

Klein-Hammerwerk
Als Klein-Hammerwerk wird eine nach dem elektrodynamischen Prinzip arbeitende Körperschallquelle bezeichnet, bei der ein Stößel mit einer Schlagfrequenz von 10 Hz bewegt wird. Es wird bevorzugt zur Messung der Körperschallübertragung wie z. B. bei der Stoßstellendämmung, zur Körperschallanregung von Einrichtungsgegenständen oder Rohrleitungen oder zur Überprüfung von körperschalldämmenden Maßnahmen benutzt, wo keine genormte Anregung vorausgesetzt wird. Aufgrund der kleinen Masse des Stößels von lediglich 22 g eignet es sich auch zur Anregung leichter Strukturen und kann wegen der geringen Größe auch an unzugänglichen Stellen verwendet werden. Da die Anregung wie beim Norm-Hammerwerk ebenfalls auf einem Stoßvorgang beruht, ergibt sich ein ähnlicher Frequenzgang der Kraft, sodass mit entsprechenden Korrekturwerten näherungsweise auch die Trittschalldämmung von Deckenkonstruktionen bestimmt werden kann.

Midi -Hammerwerk
Ebenfalls nach dem elektrodynamischen Prinzip und mit nur einem Hammer (Stößel) arbeitet eine als „Midi-Hammerwerk" bezeichnete Körperschallquelle, die größer als das zuvor beschriebene Klein-Hammerwerk aber kleiner und leichter als ein Norm-Hammerwerk ist. Im „Normalbetrieb" entspricht die Schlagkraft derjenigen des Norm-Hammerwerks. Die technische Konzeption erlaubt jedoch eine Reihe von Modifikationen für den Anregevorgang. So kann die Schlagfrequenz schrittweise zwischen 1 bis 20 Hz variiert werden, die Schlagkraft kann gegenüber der Kraft eines Norm-Hammerwerkes abgeschwächt oder verstärkt werden und der Hammer kann gegen einen Hammer mit weicher Oberfläche ausgewechselt werden. Die Eigengeräusche sind gering. Die Anregung kann in allen Richtungen, auch über Kopf, erfolgen. So sind gegenüber dem Norm-Hammerwerk zahlreiche andere Einsatzfälle denkbar, bei denen die Anregebedingungen an die konkrete Aufgabenstellung angepasst werden können (Abb. 39 und 40).

Abb. 39 Kleinhammerwerk bei der Körperschallanregung einer Konsole. (Bild: Kurz + Fischer)

Abb. 40 Midi-Hammerwerk. (Bild: Stratenschulte)

5.4 Kennzeichnende Größen zur Beschreibung der Trittschalleigenschaften von Bauteilen und des Trittschallschutzes in Gebäuden

Wie beim Luftschall gibt es auch für den Trittschall Kenngrößen zur Beschreibung der Dämmung, des in Gebäuden erreichten Schallschutzes und der Verbesserung durch zusätzlich angebrachte Konstruktionen. Neben den frequenzabhängigen Größen werden auch Einzahlwerte definiert.

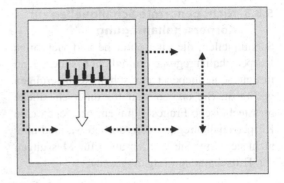

Abb. 41 Direkte ($\Rightarrow$) und flankierende ($\cdots\rightarrow$) Trittschallübertragung im Gebäude

5.4.1 Trittschallpegel im Prüfstand und in Gebäuden

Bei Trittschallmessungen in Prüfständen wird durch den nach ISO 10140-5 vorzusehenden Aufbau (siehe Abschn. 5.6) dafür gesorgt, dass die flankierende Trittschallübertragung gegenüber dem direkt übertragenen Anteil, der über das Deckenbauteil abgestrahlt wird, vernachlässigt werden kann. Der kennzeichnende Wert für die Trittschalldämmung ist der Norm-Trittschallpegel L_n, der in diesem Fall eine Bauteileigenschaft ist. Bei der Trittschallübertragung in Gebäuden kann die Flankenübertragung dagegen nicht grundsätzlich ausgeschlossen werden. In vielen Fällen macht sie sogar den Hauptanteil der resultierenden Überragung aus [84]. Die ermittelte Kenngröße ist der Norm-Trittschallpegel L'_n, der durch den Beistrich als im Gebäude ermittelte Größe gekennzeichnet wird. Sie beschreibt in diesem Fall nicht das einzelne Bauteil sondern eine Übertragungssituation für den Trittschall unter Berücksichtigung aller beteiligten Übertragungswege. Abb. 41 zeigt die Beteiligung der flankierenden Trittschallübertragung für unterschiedliche Übertragungssituationen.

Trittschallmessungen in Gebäuden werden nicht nur im direkt unter der angeregten Decke liegenden Raum durchgeführt. Abb. 42 zeigt typische Messsituationen, die zur Überprüfung von Anforderungen infrage kommen. Für die horizontale und diagonale Trittschallübertragung sowie die Übertragung von unten nach oben ist

nur die flankierende Übertragung beteiligt. Die Übertragung von unten nach oben ist z. B. von Interesse bei der Einhaltung von Anforderungen zwischen Gaststätten und darüber liegenden Wohnräumen.

Für Trittschallmessungen in Gebäuden kann alternativ zum Norm-Trittschallpegel L'_n auch der Standard-Trittschallpegel

$$L'_{nT} = L_i - 10\lg\frac{T}{T_0} \qquad (116)$$

ermittelt werden. In diesem Fall werden die Empfangsraumeigenschaften nicht durch Bezug des gemessenen Trittschallpegels L_i auf eine Absorptionsfläche A_0 sondern durch Bezug auf eine Referenz-Nachhallzeit T_0 berücksichtigt. Diese Kenngröße ist in ISO 16283-2 geregelt.

Wie bei den entsprechenden Luftschallgrößen ist auch hier ohne weiteres eine Umrechnung der einen Größe in die andere möglich:

$$\begin{aligned} L'_{nT} &= L'_n - 10\lg\frac{0{,}16\,V}{A_0 T_0} \\ &= L'_n - 10\lg(0{,}032\,V) \end{aligned} \qquad (117)$$

V ist dabei das Volumen des Empfangsraums in m^2.

Für Wohnungen ist $T_0 = 0{,}5$ s anzusetzen. Es wird dabei davon ausgegangen, dass die Nachhallzeit in Wohnungen fast unabhängig ist vom Raumvolumen und von der Frequenz. Beide Kenngrößen werden auch zur Formulierung von Anforderungen an den Trittschall verwendet.

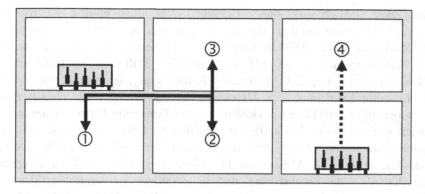

Abb. 42 Typische Übertragungssituationen für die Trittschallmessung 1) vertikale Übertragung 2) diagonale Übertragung 3) horizontale Übertragung 4) Übertragung von unten nach oben

5.4.2 Frequenzabhängigkeit des Trittschallpegels

Wie die Luftschalldämmung zeigt auch die Trittschalldämmung ein frequenzabhängiges Verhalten, sodass die Messung der Trittschallpegel frequenzabhängig durchgeführt wird. Als Messfrequenzbereich wird in ISO 10140-3 für Messungen in Prüfständen der Bereich von 100 bis 5000 Hz und in ISO 16283-2 für Messungen in Gebäuden der Bereich von 100 bis 3150 Hz vorgegeben. Diese Vorgaben sind als Mindestumfang des Frequenzbereichs zu verstehen und beziehen sich auf Messungen mit Terzfiltern. Für Güteprüfungen nach DIN 4109 werden Messungen in Terzen verlangt. Für Baumessungen wird empfohlen, den vorgegebenen Bereich um Terzbänder mit den Mittenfrequenzen 4000 Hz und 5000 Hz nach oben zu erweitern. Falls Angaben zu tieferen Frequenzen benötigt werden, kann zusätzlich mit Terzfiltern der Mittenfrequenzen 50 Hz, 63 Hz und 80 Hz gemessen werden.

Es ist bekannt, dass gerade bei der Trittschallübertragung wesentliche Störungen im tieffrequenten Bereich auftreten können. In vielen Fällen ist es deshalb wünschenswert, das Trittschallverhalten auch unterhalb von 100 Hz zu erfassen. Bei tiefen Frequenzen sind allerdings die dort herrschenden Einschränkungen der Messgenauigkeit und die dafür vorgesehenen Hinweise zur Messdurchführung zu berücksichtigen. Gegebenenfalls sind

die speziell für tiefe Frequenzen vorgesehenen Hinweise in ISO 10140-3 und ISO 16832-2 zu berücksichtigen (siehe Abschn. 5.7.8). Falls in Einzelfällen eine Darstellung der Ergebnisse im Oktav- statt im Terzspektrum erfolgen soll, werden jeweils drei Terzbänder zum entsprechenden Oktavband zusammengefasst. Dafür gilt für den Norm-Trittschallpegel

$$L'_{n,\text{oct}} = 10 \lg \left(\sum_{j=1}^{3} 10^{L'_{n,\text{Terz},j}/10} \right) \quad \text{dB} \quad (118)$$

Entsprechend wird auch beim Standard-Trittschallpegel vorgegangen.

5.4.3 Einzahlangaben und Spektrum-Anpassungswerte für den Trittschallpegel

Wie bei der Luftschalldämmung werden auch für die Trittschalldämmung Einzahlwerte herangezogen, wenn es um die einfache bauakustische Charakterisierung der Konstruktionen oder um die Festlegung und Überprüfung bauakustischer Anforderungen in Gebäuden geht. Die dabei heranzuziehenden Bewertungsverfahren sind in ISO 717-2 festgelegt. Die Messwerte des Norm- oder Standard-Trittschallpegel werden mit einer festgelegten Bezugskurve verglichen, wobei im Gegensatz zur Luftschalldämmung nun die Überschreitungen dieser Kurve für die Ermittlung des Einzahlwertes maßgebend sind. Bei Messungen in Terzbändern werden für den Vergleich die Werte von 100 bis 3150 Hz herangezogen, bei Oktavmessungen von 125 bis 2000 Hz. Die aus dem Vergleich ermittelte „bewertete" Einzahlangabe trägt zur Unterscheidung von den frequenzabhängigen Größen stets den Index w (*vom Englischen weighted*). Der so ermittelte Kennwert ist der bewertete Norm-Trittschallpegel $L_{n,w}$ bei Messungen in Prüfständen oder $L'_{n,w}$ zur Beschreibung der Trittschallübertragung in Gebäuden. Wenn anstelle des Norm-Trittschallpegels der auf die Nachhallzeit bezogene Standard-Trittschallpegel als Kenngröße für den Trittschallschutz herangezogen wird, dann ergibt sich nach demselben Bewertungsverfahren als Einzahlwert der bewertete Standard-Trittschallpegel $L'_{nT,w}$.

Die vom Norm-Hammerwerk verursachte Körperschallanregung einer Deckenkonstruktion sorgt zusammen mit der in ISO 717-2 festgelegten Bezugskurve dafür, dass gegenüber der subjektiven Empfindung der Trittschallpegel bei hohen Frequenzen zu stark und bei tiefen Frequenzen zu schwach bewertet wird. Über Bezugskurven, die der subjektiven Störwirkung besser entsprechen, wird bereits in [85] berichtet. Körperschallquellen zur verstärkten tieffrequenten Anregung wurden in Abschn. 5.3.2 vorgestellt. Auf der Basis der bestehenden ISO-Regelwerke zur Messung und Beurteilung des Trittschalls kann zur Berücksichtigung des Trittschallspektrums bei typischen Gehgeräuschen der Spektrum-Anpassungswert C_I verwendet werden, der in ISO 717-2 festgelegt ist. Dieser Wert wird als Korrekturwert zu den Einzahlwerten $L_{n,w}$, $L'_{n,w}$ oder $L'_{nT,w}$ addiert

und z. B. in der Form $L_{n,w}(C_I) = 50 \ (+3)$ dB angegeben. Der resultierende Wert $L_{n,w} + C_I$ dieses Beispiels beträgt für das betrachtete Bauteil also $(50 + 3)$ dB = 53 dB. Das Bauteil wird unter Berücksichtigung seines tieffrequenten Trittschallverhaltens also schlechter beurteilt. Das bei seiner Ermittlung heranzuziehende Bewertungsverfahren führt dazu, dass sich bei Massivdecken mit wirkungsvollen Deckenauflagen Werte von etwa 0 und für Holzbalkendecken mit starken tieffrequenten Trittschallanteilen positive Werte für C_I ergeben. Der Spektrum-Anpassungswert C_I kann auch zur Formulierung von Anforderungen herangezogen werden, z. B. $L'_{n,w} + C_I$ oder $L_{nT,w} + C_I$. Eine ausführliche Behandlung des Spektrum-Anpassungswertes C_I und seiner Anwendung findet sich in [17, 19, 86].

5.4.4 Weitere Kenngrößen zur Beschreibung trittschalldämmender Eigenschaften

Der zuvor definierte (Norm-)Trittschallpegel ist die wesentliche Größe zur Kennzeichnung des resultierenden Trittschallverhaltens einer Deckenkonstruktion. In der Praxis besteht aber Bedarf, neben der Gesamtkonstruktion auch die Teilkomponenten in ihrem Verhalten gegenüber Trittschall zu kennzeichnen. Nach Abb. 43 setzt sich eine gebrauchsfertige Decke aus der Rohdecke, einer Deckenauflage auf der Rohdecke (z. B. Bodenbeläge oder schwimmende Estriche) und ggf. noch einer Unterdeckenkonstruktion als zusätzlicher Schale auf der abstrahlenden Deckenunterseite zusammen.

Für den resultierenden Norm-Trittschallpegel der Gesamtkonstruktion geht das Trittschall-

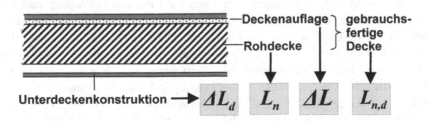

Abb. 43 Kennzeichnung des Trittschallverhaltens von Deckenkonstruktionen nach ISO 12354-2. (Bezeichnungen siehe Text)

Berechnungsverfahren der ISO 12354-2 davon aus, dass dieser aus den Kenngrößen der einzelnen Komponenten nach folgendem Ansatz berechnet werden kann:

$$L_{n,d} = L_n - \Delta L - \Delta L_d \qquad (119)$$

$L_{n,d}$ ist dabei der von der Gesamtkonstruktion direkt abgestrahlte Trittschall, L_n der Norm-Trittschallpegel der Rohdecke, ΔL die Trittschallminderung durch die Deckenauflage und ΔL_d die Trittschallminderung durch die Unterdeckenkonstruktion. Dieser additive Ansatz gilt streng genommen jedoch nur für massive Rohdecken, weil nur dort angenommen werden kann, dass sich die Trittschallminderung unabhängig von der Decke selbst verhält. Diese Einschränkung für die Anwendung von ΔL ist auch messtechnisch von Bedeutung und führt dazu, dass für Deckenauflagen auf leichten Decken (z. B. Holzdecken) eigene Messverfahren entwickelt wurden (näheres dazu in Abschn. 5.8.4).

Messtechnisch kann ΔL aus der Differenz der Trittschallpegel der Rohdecke ohne und mit Auflage ermittelt werden. Das anzuwendende Messverfahren für die Trittschallminderung von Deckenauflagen ist in der ISO 10140-1 beschrieben. Die Leitlinien der ISO 10140-3 sind dabei einzuhalten. Die schweren und leichten Referenzdecken sind in ISO 10140-5 beschrieben. Einzelheiten zur Messung werden in Abschn. 5.8 behandelt.

Grundsätzlich ließe sich die Trittschallminderung ΔL_d einer an der Deckenunterseite angebrachten Vorsatzschale durch dieselbe Messprozedur wie für die Deckenauflagen ermitteln. Die in den Messnormen ISO 10140-1 und ISO 10140-5 genannten Regelungen beziehen sich allerdings nur auf Deckenauflagen. Sie könnten sinngemäß aber auch zur Messung von ΔL_d herangezogen werden. Da die schalltechnische Funktion der an der Deckenunterseite angebrachten Vorsatzschalen nicht in der Reduktion der Körperschallanregung und -Übertragung wie bei den Deckenauflagen sondern in der Reduktion der Luftschallabstrahlung besteht, kann diese Eigenschaft ersatzweise auch durch ΔR_w beschrieben werden. Das ist

die Verbesserung des bewerteten Schalldämm-Maßes für die Luftschalldämmung, deren Messung in ISO 10140-1 beschrieben wird (siehe Abschn. 4.6.3). Bei der Messung kann dieselbe Decke verwendet werden, die auch für die Messung der Trittschallminderung vorgeschrieben wird.

In Gl. (119) ist die Direktübertragung des Trittschalls über die Decke in einen darunter liegenden Raum gemeint. Die flankierende Trittschallübertragung ist in diesem Ansatz noch nicht enthalten. Sie kann mit denselben Kennwerten der Decke und zusätzlichen Kennwerten für die Flankenbauteile nach ISO 12354-2 separat berechnet werden. Auf Möglichkeiten zur Messung der flankierenden Trittschallübertragung wird in Abschn. 5.9.2 eingegangen.

Die Berechnungen nach Gl. (119) sind frequenzabhängig, vorzugsweise in Terzbändern, durchzuführen. In DIN 4109 wird im Rahmen des Schallschutznachweis stattdessen ein Verfahren auf der Basis von Einzahlwerten verwendet. Hierbei wird der bewertete Norm-Trittschallpegel $L'_{n,w}$ der Gesamtdecke aus der bewerteten Trittschallminderung ΔL_w und einem speziellen Einzahlwert für die Rohdecke, dem sogenannten äquivalenten bewerteten Norm-Trittschallpegel $L_{n,eq0,w}$ gebildet. Dafür gilt dann

$$L'_{n,w} = L_{n,eq,0,w} - \Delta L_w + K \qquad (120)$$

wobei K ein Korrekturfaktor zur separaten Berücksichtigung der flankierenden Trittschallübertragung ist. Der Faktor kann aus den flächenbezogenen Massen der flankierenden Bauteile berechnet werden.

Der resultierende Norm-Trittschallpegel der gebrauchsfertigen Decke lässt sich also durch Subtraktion der beiden Größen $L_{n,eq,0,w}$ und ΔL_w ermitteln. Auf diese Weise können alle Rohdecken, die sich durch den äquivalenten Norm-Trittschallpegel beschreiben lassen, mit beliebigen Deckenauflagen rechnerisch kombiniert werden, ohne das die betrachtete Kombination tatsächlich messtechnisch beschrieben werden müsste. Vereinfachend kommt noch dazu, dass die Werte des $L_{n,w,eq}$ für übliche massive Rohdecken bekannt sind (siehe Gl. 122), sodass hierfür in der Regel keine weiteren Messungen erforderlich sind.

Es kann gezeigt werden, dass für eine solche Berechnung auf der Basis von Einzahlwerten der bewertete Norm-Trittschallpegel $L_{n,w}$ nicht geeignet wäre [87] Deshalb wird bei der Bildung des Einzahlwertes durch eine besondere Bewertungsmethode aus den frequenzabhängigen Werten des Norm-Trittschallpegels der Rohdecke anstelle des bewerteten Norm-Trittschallpegels der äquivalente Norm- Trittschallpegel ermittelt. Der Einzahlwert der Rohdecke wird sozusagen für die Kombination mit der bewerteten Trittschallminderung tauglich gemacht, sodass ein mit dem praktischen Verhalten übereinstimmender Norm-Trittschallpegel für die gebrauchsfertige Gesamtkonstruktion (Rohdecke mit Deckenauflage) zustande kommt. Die Einzelheiten dieses Bewertungsverfahrens sind in ISO 717-2 beschrieben.

Die Trittschallminderung ΔL besitzt für übliche Deckenauflagen eine ausgeprägte Frequenzabhängigkeit, die z. B. durch das Federverhalten der Bodenbeläge oder das Resonanzverhalten der schwimmenden Estriche geprägt ist. Auch hier besteht Bedarf für die Gewinnung eine Einzahlwertes ΔL_w. Das methodische Vorgehen zur Einzahlbildung wird in ISO 717-2 beschrieben. Dabei wird unter Verwendung einer genormten Bezugsdecke die frequenzabhängig gemessene Trittschallminderung in den Einzahlwert ΔL_w umgerechnet. Nach ISO 717-2 kann ergänzend ein Spektrum-Anpassungswert $C_{I,\Delta,t}$ für die Trittschallminderung von Deckenauflagen auf leichten Decken ermittelt werden. Damit sollen auch bei der Trittschallminderung die tiefen Frequenzen besser berücksichtigt werden.

In Gl. (120) soll durch den Beistrich im Norm-Trittschallpegel zum Ausdruck gebracht werden, dass das Verhalten der Decke im Gebäude gemeint ist, also die Flankenwegübertragung des Trittschalls bereits enthalten ist, ohne dass sie näher spezifiziert werden muss. In ISO 12354-2 wird dieser Ansatz gegenüber der frequenzabhängigen Berechnung „Vereinfachtes Modell" zur Prognose der Trittschallübertragung

genannt. Allerdings wird der Gesamt-Trittschallpegel $L'_{n,w}$ nach

$$L'_{n,w} = \left(10 \log \left(10^{L_{n,d,w}/10} + \sum_{j=1}^{n} 10^{L_{n,ij,w}/10} \right) \right) dB$$

(121)

berechnet, wobei $L_{n,d,w}$ der bewertete Norm-Trittschallpegel durch direkte Trittschallübertragung und $L_{n,ij,w}$ der bewertete Norm-Trittschallpegel durch Flankenübertragung sind. Letzteres läßt sich ähnlich bestimmen wie die frequenzabhängige Größe $L_{n,ij}$ in Gl. 17, jedoch mit Einzahlwerten. Bei homogenen Deckenkonstruktionen läßt sich $L_{n,d,w}$ nach Gl. 122 aus der flächenbezogenen Masse der Decke berechnen.

Zu beachten ist für die Rechnung mit Einzahlwerten nach den Gl. (119 und 120), dass der $L_{n,eq,0,w}$ nur für homogene, einschalige Deckenkonstruktionen ermittelt werden kann, im Prinzip also für plattenförmige Deckenkonstruktionen. Nach DIN 4109 können neben Stahlbetondecken allerdings auch weitere Konstruktionen, z. B. Rippendecken oder Decken aus massiven Hohldielen oder Hohlplatten, so behandelt werden wie die homogene Platte. Für all diese Konstruktionen wird angenommen, dass sie sich akustisch wie eine einschalige plattenförmige Konstruktion verhalten und durch den $L_{n,eq,0,w}$ beschrieben werden können. Ihre Trittschalleigenschaften können für praktische Anwendungen als gute Näherung aus der flächenbezogenen Masse m'' ermittelt werden, die als die maßgebliche Einflussgröße betrachtet wird. DIN 4109-32 verwendet dabei folgenden Zusammenhang, der auch in ISO 12354-2 übernommen wurde:

$$L_{n,eq,0,w} = 164 - 35 \lg \frac{m''}{1\,\text{kg/m}^2} \quad \text{dB} \quad (122)$$

Eine Herleitung dieser Beziehung findet sich in [88]. Sie gilt für flächenbezogene Massen zwischen etwa 100 kg/m^2 und 720 kg/m^2. Aufgrund dieser einfachen und für die Praxis im allgemeinen ausreichenden Darstellung der Trittschalleigenschaften einer massiven Rohdecke besteht deshalb kaum Bedarf, den $L_{n,eq,0,w}$ noch messtechnisch zu bestimmen.

5.5 Trittschalldämmung als Bauteil- und Systemeigenschaft

Wie bei der Luftschalldämmung sind auch bei der Trittschalldämmung bauteilspezifische und systembedingte Einflüsse bei der Messung zu berücksichtigen. Wesentliche Aspekte, die für die Messung der Luftschalldämmung gelten, können sinngemäß aus Abschn. 4.3 auf die Messung der Trittschalldämmung übertragen werden. Dies gilt insbesondere für die Diffusitätsbedingungen der Schallfelder und die Einflüsse modaler Effekte bei den Prüfobjekten und den Schallfeldern. Einige weitere, bei der Messung der Trittschalldämmung und Trittschallminderung zu berücksichtigenden Punkte sollen an dieser Stelle ergänzend angesprochen werden.

5.5.1 Bauteileigenschaften

Aus Gl. (114) ist ersichtlich, dass die mittlere Schnelle auf einer durch eine Körperschallquelle angeregten Platte umgekehrt proportional zur Plattenfläche ist. Wenn für die Platte ein diffuses Körperschallfeld mit der mittleren Schnelle $\bar{v}^2$ angenommen wird, hat die Plattenfläche auf die abgestrahlte Luftschallleistung insgesamt aber keine Auswirkung, da diese mit

$$P = \bar{v}^2 \rho c S \sigma \qquad (123)$$

proportional zur abstrahlenden Fläche ist. Für die Prüfung der Trittschalldämmung wäre die Plattengröße also nicht von Belang. Unter praktischen Bedingungen ist darauf allerdings kein Verlass, da im Bereich geringerer Modendichte das Plattenverhalten von den einzelnen Moden abhängt. Deren Ausbildung ist neben den Einspannbedingungen von den Plattenabmessungen abhängig, sodass die Plattengröße dann doch eine Rolle spielt. Das ist insbesondere bei tiefen Frequenzen der Fall, wo üblicherweise die größten Trittschallprobleme auftreten. Als Konsequenz für die Prüfung ergibt sich daraus, dass die Deckenkonstruktion praxisnahe Abmessungen und Einbaubedingungen aufweisen sollte. Im Gegensatz zu den Festlegungen für die Messung der

Luftschalldämmung von Wänden, wo eine Prüffläche von etwa 10 m² gefordert wird, sind die messtechnischen Regelwerke bei der Luft- und Trittschalldämmung von Decken großzügiger: hier kann die Prüffläche der Decke zwischen 10 m² und 20 m² liegen.

Basierend auf [20] lässt sich nach ISO 12354-2 der Norm-Trittschallpegel einschaliger homogener Decken durch

$$L_n = L_F + 10 \lg \frac{\text{Re}\{Y\}}{m''} + 10 \lg T_s \\ + 10 \lg \sigma + 10{,}6\,\text{dB} \qquad (124)$$

berechnen. Dabei ist

L_F Kraftpegel des Norm-Hammerwerks [dB re 10^{-6}N] nach Gl. (107)

$\text{Re}\{Y\}$ Realteil der Admittanz der Decke [s/kg]

m'' flächenbezogene Masse der Decke [kg/m²]

T_s Körperschall-Nachhallzeit der Decke [s]

σ Abstrahlgrad der Deckenplatte für freie Biegewellen [–]

Mit der Admittanz einer unendlichen Platte und dem Kraftspektrum des Norm-Hammerwerks in Terzen nach Gl. (107) ergibt sich daraus

$$L_n = 155 - 30 \lg m'' + 10 \lg T_s + 10 \lg \sigma \\ + 10 \lg \frac{f}{f_{\text{ref}}}\ \text{dB} \quad f_{\text{ref}} = 1000\,\text{Hz} \qquad (125)$$

Der dargestellte Zusammenhang der Gl. (123 und 124) lässt erkennen, dass die Plattenadmittanz bzw. die flächenbezogene Masse, die Körperschall-Nachhallzeit der Konstruktion (und damit deren Gesamtverlustfaktor) und der Abstrahlgrad eine Rolle spielen. Für das Trittschallverhalten massiver Decken ist insbesondere deren flächenbezogene Masse die ausschlaggebende Größe, die bei einer aussagekräftigen Messdokumentation zu benennen ist.

Im Gegensatz zur unendlichen Platte weist die Admittanz einer Platte mit endlichen Abmessungen aufgrund der Plattenmoden eine mehr oder weniger starke Frequenz- und

Ortsabhängigkeit auf. Dies gilt vor allem im Frequenzbereich geringer Modendichte, wo einzelne Moden das Verhalten der Platte bestimmen. Der gemessene Trittschallpegel hängt bei realen Konstruktionen alleine schon aus diesem Grund von der Position des Hammerwerks auf der Decke ab. Hinzu kommt bei vielen Deckenkonstruktionen noch deren inhomogener bzw. anisotroper Aufbau, z. B. bei Rippendecken oder insbesondere bei Holzbalkendecken. Dort sind die lokalen Unterschiede der Strukturadmittanz noch sehr viel ausgeprägter. Eine auf Holzbalkendecken bezogene Behandlung der Körperschallanregung solcher Strukturen findet sich in [89]. Dieser Einfluss kann nur durch eine ausreichende Mittelung über verschieden Hammerwerkpositionen gemindert werden (siehe hierzu Abschn. 5.7.4).

Wie bei der Luftschalldämmung können auch bei der Trittschalldämmung die schalltechnisch relevanten Bauteileigenschaften von den Umgebungsbedingungen (Temperatur und Luftfeuchte), der Vorbehandlung der Proben und den Betriebsbedingungen abhängen. So sind beispielsweise die Eigenschaften schwimmender Estriche, wenn es sich um Nassestriche handelt, von der Abbindezeit bis zur Prüfung abhängig. Elastomere und andere Dämmmaterialien, die bei körperschallentkoppelten Deckenauflagen verwendet werden, können für den E-Modul und den Verlustfaktor temperaturabhängiges Verhalten aufweisen. Die Art der Verklebung von Bodenbelägen (und hier auch die Temperaturabhängigkeit des verwendeten Klebers) können ebenfalls von Bedeutung sein. Eine große Rolle spielen auch die Einbaubedingungen. Der Einbau einer Deckenkonstruktion sollte deshalb so vorgenommen werden, dass die Anschlüsse und Abdichtungen an den Rändern möglichst gut den Bedingungen im realen Einsatzfall nachgebildet werden. Hinsichtlich aussagekräftiger und reproduzierbarer Messergebnisse sind die genannten Bedingungen deshalb sorgfältig zu überprüfen und im Messbericht zu dokumentieren.

Bei der Prüfung der Trittschallminderung von Deckenauflagen ergeben sich einige Besonderheiten, auf die in Abschn. 5.8 eingegangen wird.

5.5.2 Systemeigenschaften

Auch die Trittschalldämmung hängt nicht nur von den Eigenschaften des betrachteten Bauteils sondern zusätzlich von den Umgebungsbedingungen, also vom akustischen Gesamtsystem, ab.

Sowohl Gl. (113) als auch Gl. (123) zeigen, dass das Trittschallverhalten auch vom Verlustfaktor beeinflusst wird. In beiden Fällen ist damit der Gesamtverlustfaktor gemeint. Wie bei der Luftschalldämmung hängt also auch die Trittschalldämmung von der Energieableitung in benachbarte Bauteile ab. Sie ist damit zugleich eine Eigenschaft des Gesamtsystems. Dies kann wie bei der Luftschalldämmung durch eine sog. In-situ-Korrektur berücksichtigt werden, die die aktuellen Einbau- und Energieableitungsbedingungen einer Decke berücksichtigt. Die dabei anzuwendenden Kriterien sind identisch mit denen für die Luftschalldämmung in Abschn. 3.2.2, sodass diese Anpassung nur für massive und nicht zu leichte Decken anzuwenden ist. Es gelten dafür die in Abschn. 3.2.2 („Anwendung der In-situ-Korrektur bei der Luftschalldämmung") bei der Luftschalldämmung genannten Kriterien. Die Umrechnung von Prüfstandswerten L_n auf Werte in realen Bausituationen $L_{n,\text{situ}}$ ist für Berechnungen des Trittschallpegels nach ISO 12354-2 vorgesehen und folgt der Beziehung

$$L_{n,\text{situ}} = L_n + 10 \lg \frac{T_{s,\text{situ}}}{T_{s,\text{lab}}} \quad \text{dB} \quad (126)$$

wobei T_s und $T_{s,\text{situ}}$ die Körperschallnachhallzeiten der Decke sind. Diese hängen über Gl. (60) mit dem Gesamtverlustfaktor zusammen. Mit Bezug auf die Energieableitung und die Übertragbarkeit der Messergebnisse auf Bausituationen wird für massive Deckenkonstruktionen in ISO 10140-3 deshalb die Messung des Gesamtverlustfaktors empfohlen.

Da der gemessene Trittschallpegel unter Berücksichtigung der Energieableitung auch von den Einbaubedingungen der Deckenkonstruktion abhängig, kann sich die Vergleichbarkeit von Messergebnissen bei nominell gleichen Prüfobjekten streng genommen nur auf gleichartig eingebaute Konstruktionen beziehen. Da die

Energieableitung des Prüfgegenstandes von den Anschlussbedingungen an die umgebenden Bauteile abhängt, sieht Abschn. 6.2 in ISO 10140-3 vor, dass die Anschlussdetails des zu prüfenden Aufbaus so weit wie möglich der tatsächlichen Ausführung in der realen Einbausituation entsprechen. Außerdem sollte zur Charakterisierung der energetischen Einbauverhältnisse der Verlustfaktor gemessen werden (siehe hierzu Abschn. 4.5.3).

Vor allem bei tiefen Frequenzen wird die Trittschalldämmung stark von den Systemeigenschaften geprägt. Die Übertragung des Trittschalls hängt hier von den einzelnen Moden des Körperschallfeldes auf der Deckenkonstruktion und den einzelnen Moden des Luftschallfeldes im Empfangsraum ab. Für die flankierende Trittschallübertragung wären zusätzlich noch die modalen Eigenschaften der Flankenbauteile zu berücksichtigen. Je nachdem, wie ausgeprägt die Modenkopplung zwischen den Teilsystemen ist, kann es zu starker oder schwacher Trittschallübertragung kommen. Eine Parameterstudie [90], die die Trittschallübertragung im Frequenzbereich zwischen 40 Hz und 200 Hz betrachtet, berechnet für dieselbe Decke (Stahlbetonplatte) bei unterschiedlich großen Empfangsräumen für den Trittschallpegel bis zu 20 dB Abweichung vom Mittelwert. Messtechnisch ist es also schwierig, im Bereich tiefer Frequenzen zu vergleichbaren Ergebnissen in unterschiedlichen Prüfständen zu kommen. Schon gar nicht ist zu erwarten, dass hier Messergebnisse aus dem Labor unmittelbar auf Bausituationen mit ganz anderen Decken- und Raumgrößen übertragen werden können. Wie bei der Messung der Luftschalldämmung kann allerdings durch ein Bündel von Maßnahmen versucht werden, die Messunsicherheiten im Labor zu verringern (siehe hierzu Abschn. 4.5.1 „Maßnahmen zur Minimierung von Einflüssen nicht ideal diffuser Schallfelder").

Zu den systemabhängigen Eigenschaften muss auch die Flankenübertragung des Trittschalls gezählt werden. Abhängig von den aktuellen Baubedingungen wird ein Teil der in die Decke eingespeisten Körperschallleistung auf die flankierenden Bauteile übertragen. Bei der Laborprüfung wird dieser Anteil durch bauliche Maßnahmen am Prüfstand unterdrückt. In Gebäuden dagegen kann der flankierende Anteil auch abgestrahlt werden, sodass Labor- und Baumessungen zu unterschiedlichen Ergebnissen führen können. In den Berechnungsverfahren der ISO 12354-2 wird der Einfluss der flankierenden Trittschallübertragung separat erfasst. Messtechnisch kann er durch Körperschallmessungen auf den Flankenbauteilen bestimmt werden. Das anzuwendende Verfahren entspricht der in Abschn. 4.3.2 („*Ermittlung der Schalldämmung über Körperschallmessungen*") beschriebenen Vorgehensweise.

5.6 Prüfstände für die Trittschalldämmung

Vorgaben zur Auslegung von Prüfständen zur Messung der trittschalldämmenden Eigenschaften von Deckenkonstruktionen und Deckenauflagen werden in ISO 10140-5 formuliert. Grundsätzlich wird dabei zwischen zwei Prüfstandstypen unterschieden: Prüfstände zur Messung des Norm-Trittschallpegels einer beliebigen Decke und Prüfstände zur Messung der Trittschallminderung von Deckenauflagen. Im ersten Fall muss der Prüfstand eine Prüföffnung zum Einbau der zu prüfenden Deckenkonstruktion aufweisen. Im zweiten Fall besitzt der Prüfstand eine genormte Bezugsdecke, auf der die Deckenauflagen zu prüfen sind. Da sich die Trittschallminderung von Deckenauflagen auf schweren und leichten Deckenkonstruktionen wesentlich unterscheidet, sind für die unterschiedlichen Anwendungsfälle verschiedene Bezugsdecken festgelegt worden. Für die Messung der Trittschallminderung und der Verbesserung der Luftschalldämmung auf schweren Decken mit niedriger Koinzidenz-Grenzfrequenz ist in ISO 10140-5 als massive Bezugsdecke eine Stahlbetondecke der Dicke (100 … 160) mm, vorzugsweise 140 mm festgelegt worden. Bei einer Dicke von 140 mm entspricht das einer flächenbezogenen Masse von etwa 320 kg/m^2. Der äquivalente bewertete Norm-Trittschallpegel $L_{n,eq,0,w}$ einer solchen Decke beträgt

77 dB. Diese Decke entspricht auch den Spezifikationen, die in ISO 10140-1 zur Messung der Verbesserung der Luftschalldämmung durch Vorsatzschalen an Decken festgelegt wurde. In ISO 10140-5 werden als leichte Bezugsdecken drei unterschiedliche Holzdeckenkonstruktionen festgelegt, die die international üblichen Konstruktionsarten repräsentieren sollen.

Anforderungen werden auch für die Messräume festgelegt. Da der zu messende Trittschallpegel definitionsgemäß unter Diffusfeldbedingungen zu messen ist, gelten für den Empfangsraum dieselben akustischen Voraussetzungen und messtechnischen Folgerungen, die bereits für die erforderliche Diffusität des Schallfeldes bei der Messung der Luftschalldämmung formuliert wurden. So wird u. a. für den Empfangsraum ebenfalls ein Mindestvolumen von 50 m^3 festgelegt und die Nachhallzeiten des Raumes sollen zwischen 1 und 2 s liegen. Im Empfangsraum muss des Weiteren eine ausreichende Schalldämmung gegenüber Außengeräuschen gegeben sein, damit der vom Hammerwerk erzeugte Trittschallpegel auch bei hoher Trittschalldämmung nicht durch Fremdgeräusche beeinflusst wird. Für den „Senderaum" sind keine Vorgaben erforderlich, da für die Körperschallanregung der Deckenkonstruktion durch das Norm-Hammerwerk kein eigener Raum erforderlich ist. Üblich ist bei den meisten Deckenprüfständen allerdings der Einbau der Decke zwischen zwei übereinander liegenden Räumen, damit mit demselben Aufbau auch Messungen der Luftschalldämmung durchgeführt werden können. Dann gelten auch für den Senderaum die für die Luftschalldämmung formulierten Vorgaben.

Die Prüföffnung für Messungen des Norm-Trittschallpegels nach ISO 10140-5 soll zwischen 10 m^2 und 20 m^2 liegen. Die kleinste Abmessung soll mindestens 2,3 m betragen. Für Messungen der Trittschallminderung soll die Fläche der Bezugsdecke nach ISO 10140-5 mindestens 10 m^2 betragen.

Da die Trittschalldämmung einer massiven Deckenkonstruktion nach Gl. (123) auch vom Gesamtverlustfaktor abhängt, ist genauso wie bei der Luftschalldämmung der Einfluss

der Energieableitung vom Prüfobjekt auf die umgebende Struktur des Prüfstandes zu berücksichtigen. Deshalb soll für massive Decken mit einer flächenbezogenen Masse m'' > 150 kg/m^2 ein minimaler Verlustfaktor des Prüfobjektes mit

$$\eta_{min} = 0,01 + \frac{0,3}{\sqrt{f}} \qquad (127)$$

eingehalten werden. Dies ist zu überprüfen mit einer Betondecke mit einer flächenbezogenen Masse $m'' = (400 \pm 40)$ kg/m^2.

Wie bei der Luftschalldämmung soll auch bei der Messung der Trittschalldämmung nur das Bauteil für sich alleine gekennzeichnet werden. Deshalb ist auch hier dafür zu sorgen, dass alle weiteren Übertragungswege außer der direkten Trittschallübertragung durch entsprechende bauliche Vorkehrungen im Prüfstand so weit unterdrückt werden, dass sie gegenüber der Direktübertragung vernachlässigt werden können. In Prüfständen zur Messung der Trittschalldämmung kann dies z. B. durch Verkleiden der flankierenden Wände mit Vorsatzschalen oder durch eine Körperschalltrennung zwischen Prüfdecke und Prüfstandswänden erreicht werden. Bei der zweiten Maßnahme ist allerdings zu beachten, dass dann bei massiven Decken die Energieableitung aus dem Prüfgegenständen signifikant von einer realen Einbausituation abweichen kann. Ohne Korrektur des Gesamtverlustfaktors könnte dies zu deutlichen Unterschieden in den Messergebnissen führen.

5.7 Vorgehen bei der Messung der Trittschalldämmung

5.7.1 Messmethoden zur Trittschallmessung

Das messtechnische Vorgehen bei der Messung des Norm-Trittschallpegels ist für Labormessungen in ISO 10140-3 und für Messungen in Gebäuden in ISO 16283-2 festgelegt. Zusätzliche Hinweise für Messungen des Trittschalls in Gebäuden, die nicht in ISO 10140-3 genannt wurden, enthält ISO 10140-1. Ein Kurzprüfverfahren für Baumessungen wird in ISO 10052 beschrieben. Vorgaben für Prüfstände zur Messung des Norm-Trittschallpegels werden in ISO 10140-5 formuliert. Nachfolgend wird auf die Grundzüge dieser Messverfahren eingegangen.

5.7.2 Messgrößen und Messgeräte

Bei den wesentlichen Festlegungen zur Messdurchführung bestehen zwischen Messungen in Prüfständen und Messungen in Gebäuden keine Unterschiede. Messgrößen sind nach Gl. (100) der als Luftschallpegel gemessene Trittschallpegel und die Nachhallzeit zur Bestimmung der äquivalenten Absorptionsfläche. Die messtechnischen Aufgaben sind dieselben wie bei der Bestimmung der Luftschalldämmung und wurden bereits in Abschn. 4.5.1 behandelt. Die Anforderungen an die Messgeräte zur Messung der Schallpegel und der Nachhallzeit sind somit identisch mit denjenigen für die Schalldämmungsmessung (siehe Abschn. 4.5.1 *„Hinweise zur messtechnischen Qualitätssicherung"*). Ein wesentlicher Unterschied zur Messung der Luftschalldämmung besteht bei der Erfassung der Schallpegel: hier müssen im Gegensatz zur Schalldämmungsmessung grundsätzlich Absolutwerte der Schalldruckpegel gemessen werden, sodass eine Kalibrierung der gesamten Messkette vor jeder Messung erforderlich ist. Dies muss mit einem Schallkalibrator der Klasse 1 nach IEC 60942 erfolgen. Die infrage kommenden Schallquellen sind bei der Trittschallmessung das Norm-Hammerwerk, dessen Eigenschaften in Abschn. 5.2 beschrieben wurden und bei der Nachhallzeitmessung nach ISO 3382-2 ein Lautsprecher.

5.7.3 Körperschallanregung der Decke

Bei der Anregung der Deckenkonstruktion durch das Norm-Hammerwerk sind mindestens vier verschiedene, unregelmäßig verteilte Positionen auf der Decke zu verwenden. Die Gründe dafür sind ortsabhängige Admittanzen der Decke aufgrund von konstruktiven Inhomogenitäten (wie z. B. bei Holzbalkendecken) oder modaler Effekte bei tiefen und mittleren Frequenzen. Durch die Mittelung über verschiedene Anregestellen soll ein von lokalen Zufälligkeiten

weitgehend unabhängiges Messergebnis für den Trittschallpegel erzielt werden. Falls die Decke eine ausgeprägte Anisotropie, z. B. durch Rippen oder Balken, besitzt, soll das Hammerwerk im Winkel von 45° zu deren Längsachsen aufgestellt werden. Zur Realisierung praxisgerechter Anregsituationen muss das Hammerwerk zu den Kanten der Decke einen Abstand von mindestens 0,5 m einhalten.

Gelegentlich kann beim Betrieb des Norm-Hammerwerkes beobachtet werden, dass der Trittschallpegel über eine gewisse Zeitspanne nicht konstant bleibt, da sich z. B. das von den Hämmern bearbeitete Material unter deren Einwirkung verändert. In diesem Fall soll die Messung erst begonnen werden, nachdem ein stationärer Zustand erreicht wurde.

Falls das Hammerwerk auf sehr weichen Oberflächen aufgestellt wird, ist ggf. durch Unterlagen unter den Füßen des Hammerwerkes die geforderte Fallhöhe der Hämmer von 40 mm sicherzustellen.

5.7.4 Messung des Trittschallpegels

Auch bei der Messung des Trittschallpegels müssen Maßnahmen ergriffen werden, die der ungenügenden Diffusität des Luftschallfeldes im Empfangsraum entgegenwirken. Diese sind grundsätzlich denjenigen bei der Luftschallmessung (siehe Abschn. 4.5.1 *„Maßnahmen zur Minimierung von Einflüssen nicht ideal diffuser Felder"*) vergleichbar, sodass an dieser Stelle nur die zahlenmäßigen Festlegungen zu nennen sind, die in ISO 10140-3 für Labormessungen und in ISO 16283-2 für Baumessungen genannt werden.

Bei der Pegelmittelung können Einzelpositionen der Mikrofone zur punktweisen Abtastung des Schallfeldes oder kontinuierlich bewegte Mikrofone auf einer Kreisbahn verwendet werden. Die erforderliche, energetisch vorzunehmende Pegelmittelung erfolgt bei Einzelpositionen nach Gl. (78) und für geschwenkte Mikrofone nach Gl. (79). Bei Einzelmikrofonen müssen mindestens 6 und bei Schwenkmikrofonen mindestens 4 Messungen durchgeführt werden. Die einzelnen

Mikrofonpositionen (mindestens 4) bzw. Schwenkbahnen (mindestens 1) müssen dabei mit den vorgesehenen Hammerwerkspositionen (mindestens 4) kombiniert werden. Die einzuhaltenden Mindestabstände entsprechen denjenigen bei der Messung der Luftschalldämmung: 0,7 m zwischen Mikrofon und Raumberandungen und Diffusoren, 0,7 m zwischen den Mikrofonpositionen untereinander und 1,0 m zwischen Mikrofon und zu prüfender Decke. Bei Baumessungen darf angesichts oft kleiner Raumabmessungen der Abstand zu den Raumberandungen auf 0,5 m reduziert werden. Die zeitliche Mittelung der Pegel muss bei einzelnen Mikrofonen über eine Zeit von mindestens 4 s in den Frequenzbändern ab 400 Hz und unterhalb 400 Hz über mindestens 6 s erfolgen. Bei Schwenkmikrofonen muss die Mittelungszeit mindestens 30 s betragen und soll eine ganze Anzahl von Bahnumläufen erfassen. Der Messfrequenzbereich wurde bereits in Abschn. 5.4.2 erläutert.

5.7.5 Messung der Nachhallzeit

Die Messung der Nachhallzeit folgt für die Trittschallmessung denselben Regularien, die bereits in Abschn. 4.5.2 für die Messung der Luftschalldämmung erläutert wurden.

5.7.6 Fremdgeräuschkorrektur und flankierende Luftschallübertragung

Auch bei der Trittschallmessung muss die Einwirkung von Störgeräuschen auf das Messergebnis berücksichtigt werden. Die dabei durchzuführende Fremdgeräuschkorrektur folgt den Vorgaben, die bereits in Abschn. 4.5.1 und Gl. (80) für die Messung der Luftschalldämmung formuliert wurden.

Nicht berücksichtigt bei dieser Korrektur ist allerdings der Luftschall, der im Senderaum vom Hammerwerk und der angeregten Deckenfläche abgestrahlt wird und in den darunter liegenden Empfangsraum übertragen wird (siehe Abb. 44). Bei geringer Absorption im Senderaum und ungünstigen Bedingungen für die Luftschallübertragung zwischen Sende- und Empfangsraum kann der im Empfangsraum gemessene Pegel durch die Luftschallübertragung beeinflusst werden.

In ISO 10140-3 heißt es dazu für Prüfstandsmessungen: „Es sollten Vorkehrungen getroffen werden, um nachzuweisen, dass die

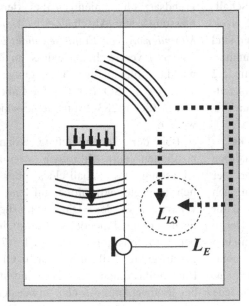

L: **Trittschallpegel**

L_{LS}: **direkte und flankierende Luftschallübertragung**

L_E: **gemessener Gesamtpegel**
$$L_E = L + L_{LS}$$

Abb. 44 Luftschallübertragung bei der Messung der Trittschalldämmung

Luftschallübertragung vom Sende- in den Empfangsraum in jedem Frequenzband mindestens 10 dB unter dem Pegel des übertragenen Trittschalls liegt." In ISO 16283-2 heißt es für Baumessungen, dass „der Einfluss des vom Hammerwerk stammenden Luftschalls als vernachlässigbar angesehen werden darf," wenn der Schalldruckpegel des Hammerwerks im Senderaum minus die Differenz im Luftschalldruckpegel zwischen Sende- und Empfangsraum unterhalb von 10 dB liegt. Bei Messungen in Prüfständen kann die flankierende Luftschallübertragung durch eine Körperschalltrennung zwischen Sende- und Empfangsraum oder Vorsatzschalen vor den flankierenden Wänden unterdrückt werden. Bei Baumessungen besteht diese Möglichkeit nicht. Von derartigen Maßnahmen unbeeinflusst bleibt allerdings die Luftschallübertragung über das Prüfobjekt selbst. Hier wäre eine rechnerische Korrektur des Messergebnisses möglich. Das ist nach ISO 16283-2 aber nicht explizit vorgesehen. Jedoch fordert ISO 10140-3 und DIN 4109-4 eine solche rechnerische Korrektur, mit der die Luftschallübertragung berücksichtigt werden kann und die sinngemäß auf die ISO-Regelwerke zu übertragen wäre.

Nach Abb. 45 (linkes Bild) wird im ersten Schritt bei Betrieb des Hammerwerks der Luftschallpegel im Senderaum L_{HW} und

der resultierende Pegel im Empfangsraum L_E gemessen, der neben der Trittschall- auch die Luftschallübertragung enthält. Im zweiten Schritt wird im Senderaum anstelle des Hammerwerks ein Lautsprecher betrieben, der im Senderaum zum Pegel L_1 und im Empfangsraum zum Pegel L_2 führt (Abb. 45, rechtes Bild). Die bei reiner Luftschallübertragung geltende Schallpegeldifferenz wird dann durch $D = L_1 - L_2$ beschrieben.

Der tatsächliche, korrigierte Trittschallpegel L ergibt sich dann durch

$$L = 10 \lg \left[10^{L_E/10} - 10^{(L_{HW}-D)/10} \right] \quad \text{dB} \quad (128)$$

Eine Korrektur sollte vorgenommen werden, wenn zwischen reiner Luftschallübertragung und Gesamtübertragung weniger als 10 dB Unterschied besteht, also

$$L_E - L_{HW} + D < 10\,\text{dB} \quad (129)$$

gilt.

5.7.7 Messung des Verlustfaktors

Die nach ISO 10140-3 vorgesehene Messung des Verlustfaktors bei massiven Deckenkonstruktionen soll nach Abschn. 5.5.2 den Einfluss der Energieableitung vom Prüfobjekt auf die umgebende Prüfstandsstruktur und damit die Einbaubedingungen charakterisieren.

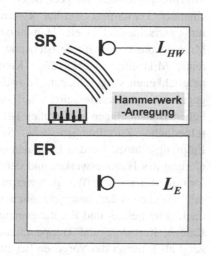
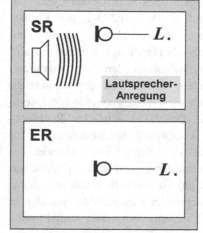

Abb. 45 Korrektur der Luftschallübertragung bei der Messung der Trittschalldämmung

Der ermittelte Gesamtverlustfaktor kann zur Berechnung der sogenannten In-situ-Korrektur nach Gl. (126) herangezogen werden. Die Messung des Verlustfaktors folgt den bereits in Abschn. 4.5.3 genannten Angaben bei der Schalldämmungsmessung.

5.7.8 Messung des Trittschallpegels bei tiefen Frequenzen

Grundsätzlich ergeben sich bei der Messung des Trittschallpegels bei tiefen Frequenzen (bzw. kleinen Räumen) dieselben Probleme mit der vorausgesetzten Diffusität des Schallfeldes wie bei der Messung der Luftschalldämmung. Eine systematische Behandlung der bei der tieffrequenten Trittschallübertragung vorhandenen Effekte findet sich in [90]. Die relevanten Einflussgrößen und die möglichen messtechnischen Maßnahmen zur Minderung solcher Einflusse wurden bereits in Abschn. 4.5.1 („*Modifizierte und alternative Messverfahren bei tiefen Frequenzen*") für die Luftschalldämmung erläutert. Sie gelten gleichermaßen für die Trittschallmessung. Die in ISO 10140-3 (Labormessungen) und ISO 16283-2 (Baumessungen) genannten Maßnahmen zur Verringerung der Streuung der Messergebnisse decken sich mit denjenigen, die bereits für die Luftschalldämmung in Abschn. 4.5.1 genannt wurden.

5.7.9 Besonderheiten bei Trittschallmessungen in Gebäuden

Für Messungen des Trittschallpegels in Gebäuden enthält ISO 16283-2 die Grundprinzipien des Messverfahrens. Diese sind allerdings nicht als Handlungsanleitung für alle in der Praxis vorkommenden Messsituationen gedacht, sondern formulieren die Grundzüge des anzuwendenden Verfahrens für idealisierte Bedingungen. Das sind einfache Rechteckräume ohne ungewöhnliche Bedingungen für die Diffusität der Schallfelder. Gerade bei der Trittschallmessung sind unter praktischen Bedingungen jedoch vielfach Situationen anzutreffen, die mehr oder weniger stark von den in der ISO 16283-2 angenommenen Verhältnissen abweichen können. Um dennoch zu plausiblen Messergebnissen und einer ausreichenden Vergleichbarkeit der Messungen zu kommen, werden im Anhang der in ISO 16283-2 auch für Trittschallmessungen Leitfäden für besondere bauliche Bedingungen formuliert. Einige Einzelheiten dieses Regelwerkes wurden bereits in Abschn. 4.7.2 dargestellt. Für die Messung des Trittschallpegels wird insbesondere auf die Positionierung des Norm-Hammerwerks eingegangen, wenn nicht auf Anhieb ersichtlich ist, welche Positionen zweckmäßig sind. So wird beispielsweise bei einem großflächigen Senderaum empfohlen, das Hammerwerk nicht zu weit vom Empfangsraum entfernt zu positionieren. Dies widerspricht der ursprünglichen Forderung nach einer gleichmäßigen Verteilung der Hammerwerkpositionen auf der sendeseitigen Decke, gewährleistet aber eine Anregung, die der praktischen Störwirkung eher entspricht. In diesem Sinne werden anhand zahlreicher, durch schematische Zeichnungen beschriebener Situationsbeispiele Leitfäden für die Messung unter realen Bedingungen gegeben. Diese haben informativen Charakter und setzen die obligatorische Einhaltung der Vorgaben der Grundregeln des Hauptteils aus ISO 16283-2 voraus.

Im Einzelnen wird gezeigt, wie in Abhängigkeit von der Bodenfläche des Sende- und Empfangsraumes und für unterschiedliche Deckenkonstruktionen die Zahl der Hammerwerks- und Mikrofonpositionen festzulegen ist. Damit bei der Messung Hammerwerks- und Mikrofonpositionen in geeigneter Weise miteinander kombiniert werden können, werden für unterschiedlich viele Hammerwerks- und Mikrofonpositionen für feststehende und rotierende Mikrofone zweckmäßige Kombinationsmöglichkeiten vorgeschlagen. Hinweise werden gegeben, wie bei Messungen auf unterschiedlichen Bodenbelägen vorzugehen ist. Für unterschiedliche Zuordnungen von Sende- und Empfangsräumen werden Leitfäden zur Positionierung des Hammerwerkes und der Mikrofone formuliert. Dies betrifft z. B. unversetzte Räume mit gleichen oder unterschiedlichen Deckenflächen im Sende- und Empfangsraum, versetzte Räume, Korridore und Treppenräume. Abb. 46 zeigt als Beispiel das Vorgehen bei zwei vertikal versetzten Räumen.

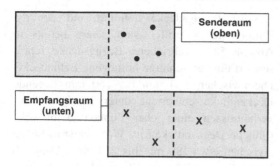

Abb. 46 Positionierung von Hammerwerk (•) und Mikrofonen (x) bei der Trittschallmessung zwischen zwei vertikal versetzten Räumen

5.7.10 Kurzprüfverfahren für Trittschallmessungen in Gebäuden

Bereits bei der Messung der Luftschalldämmung wurde in Abschn. 4.7.3 auf den Bedarf an Kurzprüfverfahren eingegangen, die den geräte- und messtechnischen Aufwand sowie die benötigte Zeit deutlich reduzieren. Auch für die Messung der Trittschalldämmung wurden in der Vergangenheit solche vereinfachten Verfahren eingesetzt, die allerdings nie genormt wurden (z. B. [91]. Als genormtes Übersichtsverfahren wird nun in ISO 10052 ein solches Kurzprüfverfahren definiert. Dort gilt für die Messung der räumlich gemittelten Schalldruckpegel und die Bestimmung des Nachhallzeiteinflusses bei der Ermittlung des Trittschallpegels das in Abschn. 4.7.3 genannte Vorgehen. Die Messungen werden in Oktavbändern von 125 Hz bis 2000 Hz durchgeführt. Die Anregung des Trittschalls erfolgt wie bei der Standardmessung mit dem Norm-Hammerwerk. Zur Vereinfachung wird die Anzahl der Anregeorte reduziert. Bei isotropen Decken genügt eine einzige Position in der Nähe der Deckenmitte. Bei anisotropen Deckenkonstruktionen (z. B. Decken mit Rippen oder Balken) müssen drei über den Deckenbereich verteilte Standorte verwendet werden.

Über Untersuchungen zur Validierung dieses Kurzprüfverfahrens wird in [61] berichtet. Die Abweichungen zwischen den bewerteten Norm-Trittschallpegeln des regulären und des Kurzprüfverfahrens werden mit ± 2 dB angegeben.

5.8 Messung der Trittschallminderung

Viele Deckenkonstruktionen können nur mit zusätzlichen Maßnahmen zur Trittschallminderung die vorhandenen Anforderungen an den Schallschutz einhalten. Möglichkeiten zur Charakterisierung der Trittschallminderung wurden in Abschn. 5.4.4 behandelt. Die messtechnische Umsetzung wird nachfolgend erläutert.

5.8.1 Grundprinzip der Messung der Trittschallminderung

Zur Minderung des Trittschalls kommen unterschiedliche Maßnahmen infrage: die Verwendung weicher Beläge auf der Deckenoberseite, die Reduzierung der Körperschallübertragung auf die Rohdecke durch körperschallentkoppelte Deckenaufbauten (z. B. in Form von schwimmenden Estrichen) und die Verminderung der Luftschallabstrahlung durch Vorsatzschalen auf der dem Empfangsraum zugewandten Seite der Decke. Auch wenn die technischen Ansätze unterschiedlich sind, kann die Wirksamkeit solcher Maßnahmen durch eine einheitliche Methode beschrieben werden. Man bildet die Differenz der Trittschallpegel, die für eine Deckenkonstruktion ohne und mit Minderungsmaßnahme gemessen werden. Es ergibt sich für die Trittschallminderung ΔL als Maß für die Verbesserung der Trittschalldämmung also

$$\Delta L = L_{n0} - L_n \qquad (130)$$

wenn L_n der Norm-Trittschallpegel der Decke ohne und L_{n0} der Norm-Trittschallpegel der Decke mit Minderungsmaßnahme ist. Diese Vorgehensweise gleicht der Bestimmung der sogenannten Einfügungsdämmung, die im technischen Schallschutz gerne zur Beschreibung einer Geräuschminderungsmaßnahme verwendet wird. In den einschlägigen Messnormen ISO 10140-1 wird ΔL ausschließlich zur Kennzeichnung von Deckenauflagen verwendet. Die Kennzeichnung der Trittschallminderung durch Vorsatzschalen auf der Deckenunterseite durch

ΔL_d, wie sie nach Gl. (119) zur Berechnung der Gesamt-Trittschallübertragung einer Decken-konstruktion benötigt würde, könnte nach der-selben Messmethode geschehen. Dies ist in den genormten Messverfahren bislang aber nicht vorgesehen. Ersatzweise wird in den Berechnungsverfahren der ISO 12354-2 des-halb die Verwendung der nach ISO 10140-1 gemessenen Verbesserung der Luftschall-dämmung ΔR vorgeschlagen.

Es lässt sich theoretisch zeigen und expe-rimentell bestätigen, dass die Wirksamkeit von Deckenauflagen von der Art der zu ver-bessernden Rohdecke abhängt. Auf leichten Deckenkonstruktionen (z. B. Holzbalkendecken) wird man in der Regel eine deutlich gerin-gere Verbesserung feststellen als auf schweren Massivdecken. Um beiden Anwendungsfällen gerecht zu werden, wird deshalb bei der Mes-sung zwischen der auf massiven Bezugs-decken oder leichten Bezugsdecken (beide in ISO 10140-5) ermittelten Trittschallminderung unterschieden. In beiden Fällen handelt es sich um Laborverfahren, die in den weiter unten beschriebenen Prüfständen durchgeführt werden.

Da die Messungen regulär mit der vom Norm-Hammerwerk verursachten Körperschall-anregung durchgeführt werden, kann nicht erwartet werden, dass die für eine bestimmte Deckenauflage ermittelte Minderung derjenigen entspricht, die bei einer „natürlichen" Anregung, z. B. einem Gehvorgang, wahrgenommen würde. Hierzu wären die realen Admittanz-verhältnisse zwischen Körperschallquelle und angeregter Struktur (inkl. Deckenauflage) sowie die realen Kontaktverhältnisse beim Stoßvor-gang in geeigneter Art und Weise nachzubilden. Eine Annäherung an tieffrequente Anregevor-gänge wird durch die Verwendung alternativer Trittschallquellen (modifiziertes Hammer-werk, Gummiball) erreicht (siehe hierzu Abschn. 5.3.2).

5.8.2 Trittschallminderung auf massiven Decken

Um die schalltechnische Wirksamkeit von Deckenauflagen auf schweren Decken zu charakterisieren, wird in ISO 10140-5 eine massive Bezugsdecke definiert, auf der die Prüfobjekte zu prüfen sind. Diese bereits in Abschn. 5.6 beschriebene Bezugsdecke reprä-sentiert eine einschalige homogene Betondecke. Die zwischen 100 mm bis 160 mm liegende Deckendicke entspricht unter heutigen Bau-verhältnissen einer eher dünnen Betondecke (übliche Deckendicken im Wohnungsbau liegen zwischen etwa 180 mm bis 220 mm). Dennoch kann die vorgesehene Bezugsdecke als aus-reichend betrachtet werden, da bei derartigen Decken die erreichte Trittschallminderung einer Deckenauflage (im Wesentlichen) nicht mehr von der flächenbezogenen Masse der Decke abhängt. Das ist auch der Grund, warum nach Gl. (120) die äquivalenten Norm-Trittschall-pegel solcher massiven Decken mit den Tritt-schallminderungen beliebiger Deckenaufbauten rechnerisch kombiniert werden dürfen.

Die messtechnischen Vorgaben der ISO 10140-1 zur Messung der Trittschallminderung orientieren sich an den in ISO 10140-3 for-mulierten Vorgaben für die Messung des Norm-Trittschallpegels. Dies gilt für die zu ver-wendenden Messgeräte (siehe Abschn. 5.7.2, die Anforderungen an die Prüfstände (siehe Abschn. 5.6), die Erzeugung des Schallfeldes durch das Norm-Hammerwerk, die Messung des Trittschallpegels (siehe Abschn. 5.7.4), die Messung der Nachhallzeiten, den Messfrequenz-bereich und die Fremdgeräuschkorrektur (siehe Abschn. 5.7.6).

Besondere Regelungen gelten für die zu prü-fenden Deckenaufbauten. Diese werden nach ISO 10140-1 in drei unterschiedliche Kategorien von Prüfobjekten klassifiziert, für die jeweils eigene Einbauregeln festgelegt werden. Unter-schieden werden nachgiebige Beläge (kleine Prüfobjekte der Kategorie I), feste homo-gene oder komplexe Deckenauflagen wie z. B. schwimmende Estriche (große Prüfobjekte der Kategorie II) und nachgiebige Bodenbeläge, die die Decke von Wand zu Wand bedecken (Spannstoffe der Kategorie III). Für Prüfungen der Kategorie I genügt es, drei kleine Proben, auf denen das Hammerwerk aufgestellt wer-den kann, an unterschiedlichen Positionen auf der Bezugsdecke zu platzieren (siehe Abb. 47).

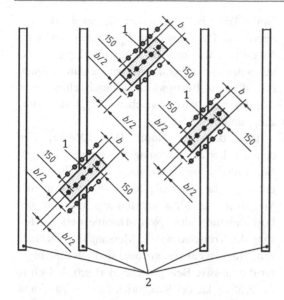

Abb. 47 Positionierung der Proben und des Hammerwerks bei der Messung der Trittschallminderung weicher Bodenbeläge. Positionen des Hammerwerks auf der Probe (•) und neben der Probe auf der Rohdecke (o). 1: Probekörper, 2: Unterzugbalken, b: Breite des Probekörpers

Wenn solche Bodenbeläge verklebt werden, ist die Art der Verklebung so genau wie möglich zu beschreiben. Bei den Prüfobjekten der Kategorie II ist von einem ausgeprägten Zusammenwirken von Deckenauflage und Rohdecke in der gesamten Fläche auszugehen. Solche Prüfobjekte müssen deshalb vollflächig (oder mit einer Fläche von mindestens 10 m² mit einem kleineren Maß von mindestens 2.3 m) auf der gesamten Bezugsdecke verlegt werden. Nach [21] gilt das auch für die Prüfung von Laminatböden. Bei Konstruktionen der Kategorie II kann zudem die statische Belastung eine Rolle spielen. Dies ist z. B. der Fall bei schwimmenden Estrichen, deren Resonanzfrequenz von der Gesamtlast aus Estrich und Verkehrslast beeinflusst wird. Solche Deckenauflagen dürfen deshalb unter Belastung geprüft werden. Hierbei kann eine „normale" Möblierung durch eine gleichmäßige Belastung von etwa 20 bis 25 kg/m² simuliert werden. Da die Eigenschaften der Dämmschicht das Trittschallverhalten eines schwimmenden Estrichs maßgeblich beeinflussen, wird im Beschlussbuch der bauakustischen Prüfstellen [21] für

die verwendeten Dämmstoffe u. a. die messtechnische Ermittlung und Dokumentation der Dämmschichtdicke d_L, der Rohdichte und der dynamischen Steifigkeit nach EN 29053 vorgeschrieben. Bei Prüfobjekten der Kategorie III ist eine Wand-zu-Wand-Verlegung vorzusehen.

Für Prüfobjekte der Kategorien II und III muss das Hammerwerk an mindestens 4 verschiedenen, auf der Prüffläche verteilten Orten aufgestellt werden. Bei Prüfobjekten der Kategorie I müssen die Hämmer den Probekörper in einem Abstand von mindesten 100 mm zu den Kanten berühren. Dabei wird nach Abb. 47 das Hammerwerk zuerst vollständig auf die Probe und dann so nahe wie möglich links und rechts neben jede Probe gestellt. Die relative Position des Hammerwerks zu den Unterzugbalken ist im Massivbau zu ignorieren. Der Trittschallpegel der Rohdecke ergibt sich für jedes Prüfobjekt dann als arithmetischer Mittelwert aus den beiden seitlichen Einzelmessungen. Damit soll erreicht werden, dass mögliche Inhomogenitäten der Bezugsdecke und lokale Admittanzunterschiede im tieffrequenten Bereich nicht zu Unterschieden der Rohdeckeneigenschaften zwischen Messungen mit und ohne Belag führen.

5.8.3 Einzahlangaben für die Trittschallminderung

Zur Charakterisierung der Produkteigenschaften besteht auch bei Deckenauflagen Bedarf, aus den frequenzabhängigen Norm-Trittschallpegeln einen Einzahlwert zu bilden, der als kennzeichnende Größe für Produktvergleiche und schalltechnische Nachweise verwendet werden kann.

Es wäre naheliegend, diesen Einzahlwert unmittelbar aus der Differenz der bewerteten Norm-Trittschallpegel der Rohdecke mit und ohne Deckenauflage zu ermitteln. Während jedoch die (frequenzabhängige) Trittschallminderung ΔL unabhängig von der (massiven) Rohdecke ist, weisen die bewerteten Norm-Trittschallpegel mit und ohne Deckenauflage eine gewisse Abhängigkeit vom (frequenzabhängigen) Norm-Trittschalpegel der jeweiligen Rohdecke auf. Damit wäre die

Vergleichbarkeit der Einzahlwerte, die nach der in Betracht gezogenen Methode ermittelt würden, bei Messungen auf unterschiedlich ausgelegten Bezugsdecken in verschiedenen Prüfständen beeinträchtigt.

Stattdessen wird in ISO 717-2 deshalb ein Bewertungsverfahren angegeben, mit dem über eine definierte Bezugsdecke die sogenannte bewertete Trittschallminderung ΔL_w ermittelt wird. Diese Bezugsdecke mit zahlenmäßigen Festlegungen für den Norm-Trittschallpegel entspricht einer 120 mm dicken massiven homogenen Betondecke. Im Bewertungsverfahren wird diese Bezugsdecke rechnerisch mit den frequenzabhängigen Werten der gemessenen Trittschallminderung ΔL im Frequenzbereich von 100 Hz bis 3150 Hz verbessert. Die Einzelheiten des Bewertungsverfahrens, die aus messtechnischer Sicht nicht relevant sind, werden in ISO 717-2 beschrieben.

5.8.4 Trittschallminderung auf leichten Bezugsdecken

Durch die Messungen auf leichten Bezugsdecken soll erreicht werden, dass Deckenauflagen auch unter den andersartigen physikalischen Bedingungen leichter Deckenkonstruktionen charakterisiert werden können. Normativ vorgesehen ist die Trittschallanregung mit dem Norm-Hammerwerk. Zusätzlich ist aber auch die Anregung mit dem modifizierten Hammerwerk oder einem Gummiball möglich. Diese alternativen Körperschallquellen wurden bereits in Abschn. 5.3.2 beschrieben.

Messungen mit dem Norm-Hammerwerk
Die Messungen auf leichten Bezugsdecken werden nach ISO 10140-1 durchgeführt. Dabei wird auf eine der bereits in Abschn. 5.6 genannten repräsentativen Holzdeckenkonstruktionen zurückgegriffen. Die sogenannte Trittschallminderung oder Verbesserung der Trittschalldämmung

$$\Delta L_t = L_{n,t,0} - L_{n,t} \quad \text{dB} \qquad (131)$$

ergibt sich aus der Differenz des Norm-Trittschallpegels der leichten Bezugsdecke ohne Deckenauflage $L_{n,t,0}$ und des

Norm-Trittschallpegels der leichten Bezugsdecke mit Deckenauflage $L_{n,t}$. Durch den Index t wird die Messung auf einer Holzbezugsdecke gekennzeichnet. Da die Messungen auf 3 unterschiedlichen Bezugsdecken durchgeführt werden können, wird zwischen $\Delta L_{t,1}$, $\Delta L_{t,2}$ und $\Delta L_{t,3}$ unterschieden.

Laut derselben Norm, ISO 10140-1, werden wie bei den Messungen auf einer massiven Bezugsdecke die Prüfobjekte in die drei Kategorien I bis III aufgeteilt. Die wesentlichen Vorgaben zur Messdurchführung (Betrieb und Positionierung des Norm-Hammerwerks, Messung des Trittschallpegels, Messung der Nachhallzeit, Fremdgeräuschkorrektur) sind mit denjenigen für die massive Bezugsdecke identisch. Jedoch ist für Prüfobjekte der Kategorien I darauf zu achten, dass ein Hammer des Normhammerwerks, wie in Abb. 47, dargestellt, immer über den Unterzugbalken auftrifft. Die Messung in Terzbändern erfolgt von 100 Hz bis 3150 Hz. Eine Erweiterung zu tiefen Frequenzen ist möglich.

Für die frequenzabhängigen Messergebnisse der Trittschallpegelminderung durch Deckenauflagen auf leichten Decken enthält ISO 717-2 ein Bewertungsverfahren zur Ermittlung von Einzahlangaben. Für die bewertete Trittschallpegelminderung kann dabei je nach verwendeter Bezugsdecke die Angabe $\Delta L_{t,1,w}$, $\Delta L_{t,2,w}$ oder $\Delta L_{t,3,w}$ ermittelt werden. Des Weiteren wird für die leichten Decken auch ein eigener Spektrum-Anpassungswert $C_{I\Delta,t}$ definiert.

Messungen mit einem Gummiball
Auch hier sind die grundsätzlichen Festlegungen für die Prüfanordnung wie beim Hammerwerk getroffen. Eine Messung des Trittschallpegels mit dem Gummiball erfolg wie in Abschn. 5.3.2 beschrieben, einmal mit und einmal ohne Deckenauflage.

Zuerst erfolgt für jeden Anregeort eine Mittelung dieser Schallereignisse an allen Messorten gemäß

$$L_{i,F\mathrm{max},j} = 10\lg\left(\frac{1}{m}\sum_{k=1}^{m} 10^{L_F\mathrm{max},k/10}\right) \quad \text{dB}$$

$$(132)$$

Anschließend werden diese Mittelwerte über alle Anregeorte gemäß

$$L_{i,F}\text{max},j = 10\lg\left(\frac{1}{m}\sum_{k=1}^{m}10^{L_{i,F}\text{max},k/10}\right) \text{ dB}$$

(133)

gemittelt und Trittschallpegel genannt. Die Trittschallpegelminderung ΔL_r ergibt sich dann laut ISO 10140-1 aus der Differenz der Trittschallpegel ohne und mit Deckenauflage gemäß

$$\Delta L_r = L_{i,F}\text{max},0 - L_{i,F}\text{max} \qquad (134)$$

5.8.5 Kurzprüfverfahren für die Trittschallminderung

Für die Hersteller von Bodenbelägen wäre ein Prüfverfahren attraktiv, bei dem im Rahmen der werkseigenen Prüfung und Produktentwicklung die Trittschallminderung mit deutlich reduziertem Aufwand gemessen werden könnte. Im Vordergrund steht dabei der Verzicht auf die in ISO 10140-5 vorgeschriebenen nebenwegsfreien Prüfstände. Auf diesem Hintergrund wurden Kurzprüfverfahren bzw. Kleinprüfstände zur Durchführung vereinfachter Messungen entwickelt.

Bei dem in [92 und 93] genannten Verfahren wird bei einer kleinen Probe die bewertete Trittschallminderung unmittelbar aus der Maximalbeschleunigung eines aus 40 mm Höhe fallenden Hammers mit einer Masse von 500 g ermittelt. Nach [94] liegen die derart ermittelten Einzahlwerte systematisch ca. 3 dB unter den Werten des in ISO 10140-1 genormten Verfahrens.

Deshalb wurde in [94] ein neues Verfahren konzipiert, das zur ISO 16251-1 gereift ist, dessen Grundidee in der Verwendung einer kleinen, körperschallisolierten Betonplatte (Länge 1,2 ± 0,05 m; Breite 0,8 ± 0,05 m; Dicke 0,2 ± 0,01 m) besteht. Auf dieser kann das Norm-Hammerwerk mit und ohne Bodenbelagsprobe betrieben werden. Die an der Plattenunterseite an insgesamt 6 Messpositionen gemessenen Körperschall-Schnellepegel mit und ohne Bodenbelag können nach demselben Verfahren wie die Trittschallpegel

des Norm-Verfahrens als Trittschallminderung ΔL ausgewertet und als bewertete Trittschallminderung ΔL_w beurteilt werden. Die Abweichungen zwischen der ISO 16251-1 und der ISO 10140-1 werden für weiche flexible Bodenbeläge die Einzahlwerte mit kleiner als 1 dB angegeben.

5.9   Flankierende Trittschallübertragung

Neben der Direktübertragung des Trittschalls spielt im praktischen Baugeschehen die flankierende Trittschallübertragung eine wichtige Rolle. Es besteht deshalb Bedarf, die Flankenübertragung des Trittschalls sowohl im Gebäude als auch als Bauteileigenschaft im Prüfstand messtechnisch zu erfassen.

5.9.1 Flankierende Übertragung bei der Trittschallmessung

Bei Labormessungen des Trittschallpegels und der Trittschallminderung sind durch die Konstruktion des Prüfstandes Vorkehrungen zu treffen, die zu einer ausreichenden Unterdrückung der Körperschallübertragung über flankierende Bauteile in den Empfangsraum führen (siehe hierzu Abschn. 5.6). In Gebäuden dagegen ist die flankierende Trittschallübertragung Bestandteil der resultierenden Trittschallübertragung. Sie kann je nach vorliegender Konstruktion durchaus signifikant werden und ggf. sogar den dominierenden Anteil der Gesamtübertragung darstellen [84]. Bei der Überprüfung von Anforderungen an den Trittschallschutz ist die Art der Übertragung unerheblich. Bei der Ursachenfindung, falls Anforderungen nicht eingehalten werden, kann eine quantitative Erfassung der flankierenden Trittschallübertragung durchaus sinnvoll sein. Hierzu kann auf Körperschallmessverfahren zurückgegriffen werden, wie sie bereits in Abschn. 4.3.2 („*Ermittlung der Schalldämmung über Körperschallmessungen*") erläutert wurden.

Wenn im Empfangsraum auf einem flankierenden Bauteil der durch Trittschallübertragung verursachte mittlere Schnellepegel $L_{v,j}$

gemessen wird, dann ist der durch die Luftschallabstrahlung dieses Bauteils im Empfangsraum verursachte Schalldruckpegel

$$L_j = L_{v,j} + 10 \lg \frac{S_j}{A} + 10 \lg \sigma + 6 \, \mathrm{dB} \quad (135)$$

Hierbei ist S_j die Fläche des abstrahlenden
Bauteils, σ dessen Abstrahlgrad und A
die äquivalente Absorptionsfläche im
Raum. Daraus kann dann mit Gl. (100)
der von diesem Flankenbauteil verursachte
Norm-Trittschallpegel

$$L_{n,j} = L_j + 10 \lg \frac{A}{A_0} = L_{v,j} + 10 \lg \frac{S_j}{A_0} + 10 \lg \sigma + 6 \, \mathrm{dB}$$
$$(136)$$

ermittelt werden. Der Referenzwert für die
Pegelbildung ist hier $v_0 = 5 \cdot 10^{-8}$ m/s. Für massive Bauteile mit niedriger Koinzidenz-Grenzfrequenz kann für den Abstrahlgrad als
Näherung im gesamten Frequenzbereich $\sigma = 1$
gesetzt werden.

Um eine Aussage über die gesamte flankierende Trittschallübertragung zu bekommen,
können die Anteile der einzelnen flankierenden
Bauteile energetisch summiert werden, sodass
sich dafür

$$L_{n,fl} = 10 \lg \left(\sum_{j=1}^{n} 10^{L_{n,j}/10} \right) \, \mathrm{dB} \quad (137)$$

ergibt. Im Vergleich mit dem über Luftschall nach ISO 16283-2 gemessenen Norm-
Trittschallpegel L'_n kann der Anteil der

Flankenübertragung an der Gesamtübertragung
quantifiziert werden.

5.9.2 Norm-Flankentrittschallpegel durchlaufender Bauteile

Während es bei der zuvor beschriebenen flankierenden Trittschallübertragung um die Übertragung über Bauteile ging, die nicht unmittelbar
vom Hammerwerk angeregt werden, gibt es
auch Bausituationen, in denen eine Fußboden-
konstruktion zwischen zwei benachbarten Räumen unter der Trennwand durchläuft. In diesem
Fall ist die angeregte Bodenkonstruktion ein
flankierendes Bauteil, über welches Trittschall
in den Nachbarraum übertragen wird. Bei der
Trittschallübertragung ist das beispielsweise
der Fall bei durchlaufenden aufgeständerten
Fußböden (Doppel- und Hohlraumböden,
auch Systemböden genannt) oder bei durchlaufenden schwimmenden Estrichen. Abb. 48
zeigt die Verhältnisse für solche aufgeständerten
Bodenkonstruktionen.

Aus dieser Darstellung wird ersichtlich, dass
bei der Anregung durch eine Körperschallquelle
zwei unterschiedliche Übertragungsmöglichkeiten zu berücksichtigen sind. Der von der
Körperschallquelle in die Bodenkonstruktion
eingeleitete Körperschall breitet sich in der
Bodenplatte aus und gelangt so in den Nachbarraum, wo er als Luftschall abgestrahlt wird.
Gleichzeitig wird bei der Hammerwerksanregung von der Bodenplatte auch Luftschall in
den Hohlraum abgestrahlt, der in diesem unter
der Trennwand hindurch in den Nachbarraum
übertragen wird. Beide Wege tragen je nach

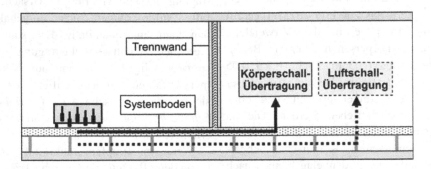

Abb. 48 Flankierende Trittschallübertragung bei einem Systemboden

Konstruktion unterschiedlich stark zum resultierenden Trittschallpegel im Empfangsraum bei. Da das untersuchte Prüfobjekt in diesem Fall als flankierendes Bauteil zwischen den Räumen betrieben wird, wird der gemessene Trittschallpegel nach ISO 10848-1 als Flankentrittschallpegel bezeichnet. Die kennzeichnende Größe zur Beschreibung der Produkteigenschaften ist der Norm- Flankentrittschallpegel $L_{n,f}$, der analog zum Norm-Trittschallpegel nach Gl. (100) über

$$L_{n,f} = L_2 + 10 \lg \frac{A}{A_0} \quad \text{dB} \qquad (138)$$

ermittelt wird. Dabei ist L_2 der mittlere Schalldruckpegel im Empfangsraum, der bei Hammerwerksanregung der Bodenkonstruktion im anderen Raum entsteht. L_2 enthält die Körperschall- und Luftschallübertragung über die flankierende Konstruktion.

Das anzuwendende Messverfahren wird in ISO 10848 beschrieben. Diese Norm löst die bisherige ISO 140-12 ab, die sich ausschließlich mit der flankierenden Luft- und Trittschallübertragung von Hohlraum- und Doppelböden beschäftigte. ISO 10848-1 enthält die allgemeinen Rahmenbedingungen des Verfahrens. Teil 2 dieser Norm beschreibt das Vorgehen zur Messung der flankierenden Luft- und Trittschallübertragung über leichte Flankenbauteile.

Das prinzipielle Messverfahren folgt den Vorgaben für die Messung des Norm- Trittschallpegels nach ISO 10140-3. Die Anforderungen an die Messgeräte, die Anregung mit dem Norm-Hammerwerk die Messung des Trittschallpegels im Empfangsraum, die Messung der Nachhallzeit und die Anwendung der Fremdgeräuschkorrektur sind in der ISO 10140er-Reihe beschrieben.

Bei der Positionierung des Hammerwerks ist zu den Rändern des Fußbodens ein Abstand von mindestens 0,5 m und zur Trennwand von mindestens 0,8 m einzuhalten. Gleichzeitig darf der Abstand zur Trennwand allerdings nicht größer als 3 m sein. Damit soll verhindert werden, dass bei Bodenkonstruktionen mit starker interner Körperschallabnahme eine zu geringe Körperschallübertragung in den Empfangsraum

stattfindet. In vorgesehenen Aufstellungsbereich ist das Hammerwerk an mindestens 4 Orten aufzustellen, die gleichmäßig innerhalb der zulässigen Fläche verteilt sind.

ISO 10848-2 setzt auch bei der Trittschallübertragung voraus, dass bei den zu untersuchenden leichten Flankenbauteilen das angekoppelte trennende Bauteil keinen wesentlichen Einfluss auf die flankierende Übertragung ausübt. Die schwache Koppelung zwischen Trenn- und Flankenbauteil wird bei Doppel- und Hohlraumböden als gültig angenommen. Infolgedessen darf im Prüfstand die Trennwand zwischen Sende- und Empfangsraum nicht starr mit dem durchlaufenden Flankenbauteil gekoppelt sein. Der Spalt zwischen Trennwand und durchlaufendem Bauteil muss deshalb mit flexiblem Material abgedichtet werden. Die Trennwand ist somit nicht Bestandteil des Prüfaufbaus. Anforderungen an die Trennwand wurden bereits in Abschn. 4.9 angesprochen.

Und die Prüfstände werden die bereits in Abschn. 4.9 genannten Anforderungen gestellt. Da der gemessene Flankentrittschallpegel nur die Produkteigenschaften des geprüften Bodens charakterisieren soll, darf nur die Körperschallübertragung über das flankierende Prüfobjekt, nicht aber die Körperschallübertragung über den Prüfstand zum gemessenen Trittschallpegel im Empfangsraum beitragen. Aus diesem Grund müssen Sende- und Empfangsraum körperschallmäßig durch eine Trennfuge entkoppelt werden.

Die Luftschallübertragung im Hohlraum unter dem Boden kann maßgeblich die flankierende Übertragung bestimmen. Da sie von den Hohlraumeigenschaften abhängt, sind diese für vergleichbare Messergebnisse festzulegen. ISO 10848-2 fordert eine Hohlraumhöhe von 0,3 m, es sei denn, dass für den vorgesehenen Anwendungsfall eine andere Höhe vorliegt. Vergleichbare Bedingungen für die Schallausbreitung im Hohlraum sollen dadurch erreicht werden, dass eine Längswand und die beiden Querwände des Prüfstandes im Hohlraumbereich mit definiertem Absorptionsmaterial verkleidet werden. Durch diese Maßnahme wird auch dem Umstand Rechnung getragen, dass in der praktischen Anwendung in der Regel größere Bodenflächen als die im Prüfstand eingebauten verwendet werden. Durch die teilweise Randabsorption sollen die Ausbreitungsbedingungen eines großen Hohlraumes nachempfunden werden.

Vor allem für die Körperschallübertragung im Prüfaufbau spielen die aktuellen Montagebedingungen des aufgeständerten Bodens eine entscheidende Rolle. Entscheidend ist z. B., ob die Bodenfläche zwischen den beiden Räumen durch eine Trennfuge unterbrochen wird. Bei elementierten Böden kann die Pressung der Einzelelemente untereinander die Körperschallübertragung beeinflussen. Bei der Luftschallübertragung ist es wesentlich, ob unter der Trennwand eine akustische Trennung (z. B. Absorberschott) eingebaut wird. Die Böden sind deshalb nach den Empfehlungen des Herstellers einzubauen.

5.10   Gehschall

Durch die zunehmende Verbreitung schwimmend auf dünnen Dämmschichten verlegter Beläge (z. B. Laminatböden) wurde die Aufmerksamkeit auf den sogenannten „Gehschall" gelenkt. Im Gegensatz zum Trittschall, der in benachbarte Räume übertragen wird, handelt es sich beim Gehschall um die Luftschallabstrahlung des Bodenbelags, die beim Begehen verursacht und im selben Raum wahrgenommen wird.

Bei der messtechnischen Beurteilung des Gehschalls ist primär der von einer bestimmten Anregung verursachte Schallpegel im selben Raum zu erfassen und einer geeigneten Bewertung zu unterziehen. Auf internationaler und nationaler Ebene existiert die EN DIN 16205 zusammen mit anderen genormten Festlegungen auf nationaler Ebene [95] und von Herstellerseite [96].

Da der Gehschall weniger mit dem Schallschutz gegenüber benachbarten Räumen als mit der subjektiv wahrgenommenen Lästigkeit des Gehgeräuschs zu tun hat, waren bei der Entwicklung geeigneter Messverfahren folgende Fragen offensichtlich: muss ein reale Gehvorgang nachgebildet werden, und wenn ja, welcher wäre das und wie könnte er technisch realisiert werden? Genügt zur Charakterisierung der Produkteigenschaften eine auf Schallpegeln beruhende Kennzeichnung ähnlich dem Norm-Trittschallpegel oder müssen Größen herangezogen werden, die der subjektiven Empfindung Rechnung tragen (z. B. die Lautheit nach Zwicker)? In zahlreichen Untersuchungen wurden derartigen Fragen nachgegangen ([97] bis [104]).

Nichtsdestotrotz wird das Norm-Hammerwerk der ISO 10140 eingesetzt. Die Prüfgegenstände werden in Form von Segmenten oder ausreichend großen Proben auf eine Bezugs-Betondecke gelegt. An mehreren Stellen im Senderaum wird der Schalldruckpegel gemessen und A-bewertet als Gehschallpegel angegeben. Ähnlich wie bei der Messung des Norm-Trittschallpegels muss vorher der Pegel, nun im Senderaum, bezüglich des vom unteren Raum zurückgestrahlten Schalls korrigiert werden. Die Anforderungen an den Prüfstand, das Hammerwerk, und die Anordnung der Mikrofone, usw. entsprechen den Anforderungen an die Prüfstandsmessungen des Trittschalles nach ISO 10140.

Literatur

1. Akustische Wellen und Felder: DEGA-Empfehlung 101, Deutsche Gesellschaft für Akustik. http://www.degaakustik.de/Publikationen/DEGAEmpfehlung101.pdf (2006)
2. Richtlinie des Rates vom 21. Dezember 1988 zur Angleichung der Rechts- und Verwaltungsvorschriften der Mitgliedsstaaten über Bauprodukte (Bauproduktenrichtlinie). Dokument 89/106/EWG, Amtsblatt der Europäischen Gemeinschaften Nr. L40/12 vom 11. Februar 1989
3. Draft of Interpretative Document for the Essential Requirement Nr. 5, Protection against Noise. Council Directive 89/106/EEC, Construction Products, Document TC 57019-Rev.2 dated 15.07.1993
4. Gerretsen, E.: Calculation of the sound transmission between dwellings by partitions and flanking structures. Appl. Acoust 12, 413–433 (1979)

5. Gerretsen, E.: Calculation of airborne and impact sound insulation between dwellings. Appl. Acoust **19**, 245–264 (1986)

6. Gerretsen, E.: Europäische Entwicklungen zur Prognose des Schallschutzes in Bauten; wksb Zeitschrift für Wärmeschutz, Kälteschutz, Schallschutz, Brandschutz. Neue Folge **34**, 1–9 (1994)

7. VDI 2081: Geräuscherzeugung und Lärmminderung in raumlufttechnischen Anlagen. VDI 2000

8. DIN EN ISO 7235, Ausgabe: 2004-02: Akustik – Labormessungen an Schalldämpfern in Kanälen – Einfügungsdämpfung, Strömungsgeräusch und Gesamtdruckverlust (ISO 7235:2003); Deutsche Fassung EN ISO 7235:2003

9. DIN EN ISO 11691, Ausgabe:1996-02: Akustik – Messung des Einfügungsdämpfungsmaßes von Schalldämpfern in Kanälen ohne Strömung – Laborverfahren der Genauigkeitsklasse 3 (ISO 11691:1995); Deutsche Fassung EN ISO 11691:1995

10. DIN EN ISO 5135, Ausgabe:1999-02: Akustik – Bestimmung des Schallleistungspegels von Geräuschen von Luftdurchlässen, Volumendurchflussreglern, Drossel- und Absperrelementen durch Messungen im Hallraum (ISO 5135:1997); Deutsche Fassung EN ISO 5135:1998

11. DIN EN ISO 5136, Ausgabe:2003-10: Akustik – Bestimmung der von Ventilatoren und anderen Strömungsmaschinen in Kanäle abgestrahlten Schallleistung – Kanalverfahren (ISO 5136:2003); Deutsche Fassung EN ISO 5136:2003

12. DIN EN 13141: Lüftung von Gebäuden – Leistungsprüfungen von Bauteilen/Produkten für die Lüftung von Wohnungen – mehrere Teile

13. Mondot, J.M., Petersson, B.A.T.: Characterisation of structure-borne sound sources: The source descriptor and the coupling function. J. Sound. Vib **114**(3), 507–518 (1987)

14. Möser, M.: Technische Akustik, 7. erweiterte u. aktualisierte Aufl. Springer, Berlin (2007)

15. Jovicic, S.: Raumakustik in Wohn- und Arbeitsräumen. Statistische Auswertung akustischer Parameter in möblierten Räumen. Fraunhofer IRB Verlag, Stuttgart (1980)

16. Scholl, W.: Fehler der Schalldämmungs-Messung bei offener Bauweise. IBP-Mitteilung 248, 21(1994). (Fraunhofer-Institut für Bauphysik, Stuttgart)

17. Metzen, H. A.: Die Kennzeichnung der Schalldämmung von Bauteilen und in Bauten sowie der Schallabsorption nach den Europäischen Bewertungsnormen. wksb 34 (1994)

18. Weber, L., Koch, S.: Anwendung von Spektrum-Anpassungswerten Teil 1: Luftschalldämmung. Bauphysik 21 **4**, 167–170 (1999)

19. Lang, J: Ermittlung von Einzahlangaben für die Luft- und Trittschalldämmung und die Schallabsorption. wksb 40 (1997)

20. Cremer, L., Heckl, M.: Körperschall, 2. Aufl. Springer, Berlin (1996)

21. Beschlussbuch 16. Arbeitskreis der Prüfstellen für die Erteilung allgemeiner bauaufsichtlicher Prüfzeugnisse für den Schallschutz im Hochbau – Arbeitskreis Schallprüfstellen. http://www.schall-pruefstellen.de/beschlussbuch.html. Stand 07.11.2005

22. Norton, M.P.: Fundamentals of Noise and Vibration Analysis for Engineers. Cambridge University Press, Cambridge (1989)

23. Craik, R.J.M.: The influence of the laboratory on measurements of wall performance. Appl. Acoust **35**, 25–46 (1992)

24. Wittstock, V.: Erarbeitung brauchbarer Schalldämm-Definitionen für die neue DIN 4109. Bericht der Physikalisch-Technischen Bundesanstalt Braunschweig, Okt. 2007

25. Kuttruff, H.: Akustik – Eine Einführung. Hirzel, Stuttgart (2004)

26. Hansen, C.: Noise Control, from Concept to Application. Taylor & Francis, Abingdon (2005)

27. Schroeder, M.R., Kuttruff, H.: On the frequency response curves in rooms. Comparisons of experimental, theoretical and Monte Carlo results for the average frequency spacing between maxima. J. Acoust. Soc. Amer **34**, 76–80 (1962)

28. Milner, J.R., Bernhard, R.J.: An investigation of the modal characteristics of nonrectangular reverberation rooms. J. Acoust. Soc. Am **85**(2), 772–779 (1989)

29. Weise, W.: Untersuchungen der Ursachen signifikanter Abweichungen von Messergebnissen aus unterschiedlichen, nach der europäischen Norm DIN EN ISO 140 normgerechten Prüfständen für die Schalldämmung. Forschungsbericht der PTB Braunschweig, Juni 2003, Fraunhofer IRB Verlag T 3033 (2004)

30. Heckl, M., Seifert, K.: Untersuchungen über den Einfluss der Eigenresonanzen der Meßräume auf die Ergebnisse von Schalldämmessungen. Acustica **8**, 212–220 (1958)

31. Rohrberg, K.: Bestimmungsfehler bei Messungen der Luftschalldämmung zwischen gleichen Räumen. Diss. Universität Stuttgart, 1970/3005. Veröffentlichungen aus dem Institut für Technische Physik Stuttgart, Heft 68 (1970)

32. Osipov, A., Mees, P., Vermeir, G.: Low-Frequency airborne sound transmission through single partitions in buildings. Appl. Acoust **52**(3–4), 273–288 (1997)

33. Gibbs, B.M., Maluski, S.: Airborne sound level difference between dwellings at low frequencies. J. Build. Acoust **11**(1), 61–78 (2004)

34. Leppington, F.G., Heron, K.H., Broadbent, E.G., Mead, S.M.: Acoustic radiation from rectangular panels with constrained edges. Proc. Royal Soc. Lond. **393**(1804), 64–84 (1984)

35. Timmel, R.: Untersuchungen zum Einfluß der Randeinspannung biegeschwingender rechteckiger Platten auf den Abstrahlgrad am Beispiel von geklemmter und gestützter Platte und Untersuchungen zu Streuung des Abstrahlgrades. Acustica 72(1), 12–20 (1991)

36. Gilbert, J. C.: Der Einfluss einer tiefen Nische auf das im Labor gemessene Schalldämmaß. Fortschritte der Akustik, DAGA 1981 Berlin. (1981)

37. Vinokur, R.: Mechanism and calculation of the niche effect in airborne sound transmission. J. Acoust. Soc. Amer. 119 (4), 2211–2219 (April 2006) J. Acoust. Soc. Amer. 34, 76–80 (1962)

38. Koch, S.: Schalldämmung von Fenstern im Labor und in der Praxis. glasforum 44(3), 39–43 (1994)

39. Kruppa, P., Olesen, H. S.: Intercomparison of laboratory sound insulation measurements an window panes, bcr information. Report EUR 11576 EN (1988), Commission of the European Communities (1998)

40. Fausti, P., Pompoli, R., Smith, R.: An intercomparison of laboratory measurements of airborne sound insulation of lightweight plasterboard walls. J Build. Acoust. 6(2), 127–140 (1999)

41. Smith, R. S., Pompoli, R., Fausti, P: An investigation into the reproducibility values of the European inter-laboratory test for lightweight walls. J. Build. Acoust. 6(3–4), 187–210 (1999)

42. Meier, A.: Die Bedeutung des Verlustfaktors bei der Bestimmung der Schalldämmung im Prüfstand. Dissertation RWTH Aachen (2000)

43. Fischer, H.-M., Schneider, M., Blessing, S.: Einheitliches Konzept zur Berücksichtigung des Verlustfaktors bei Messung und Berechnung der Schalldämmung massiver Wände. Fortschritte der Akustik, DAGA 2001 Hamburg (2001)

44. Schmitz, A., Fischer, H.-M.: How will heavy walls be measured in future in test facilities according to ISO 140. Proceedings of 17th International Congress on Acoustics, Rome, 2001

45. Meier, A., Schmitz, A.: Application of total loss factor measurements for the determination of sound insulation. J. Build. Acoust. 6(2), 71–84 (1999)

46. Schneider, M., Fischer, H.-M.: Probleme bei der In-situ-Korrektur nach EN 12354. Fortschritte der Akustik, DAGA 2002 Bochum (2002)

47. Schmitz, A., Meier, A., Raabe, G.: Inter-laboratory test of sound insulation measurements on heavy walls: Part I – Preliminary test. J. Build. Acoust 6, 159–169 (1999)

48. Meier, A., Schmitz, A., Raabe, G.: Inter-laboratory test of sound insulation measurements on heavy walls: Part II – Results of main test. J. Build. Acoust 6, 171–186 (1999)

49. Gösele, K., Giesselmann, K.: Ein einfaches Verfahren zur Überprüfung des Trittschallschutzes von Massivdecken. IBP Mitteilung 32, 6 (1978). (Fraunhofer-Institut für Bauphysik, Stuttgart)

50. Wittstock, V.: On the uncertainty of single-number quantities for rating airborne sound insulation. Acta Acustica united with Acustica 93(2007), 375–386 (2007)

51. Eichordnung Teil 1 §3: Eichordnung vom 12. August 1988, Originaltext in BGBl. I 1988 Nr. 43

52. Richtlinien der Physikalisch-Technischen Bundesanstalt (PTB) für Schallschutz-Vergleichsmessungen vom 1. Juni 1999

53. Waterhouse, R.V.: Interference patterns in reverberant sound fields. J. Acoust. Soc. Am. 27(2), 247–258 (1955)

54. Vorländer, M.: Revised relation between the sound power and the average sound pressure level in rooms and consequences for acoustic measurements. Acustica 81(1995), 332–343 (1995)

55. Pedersen, D.B., et al.: Measurement of the low-frequency sound insulation of building components. Acta Acustica united with Acustica 86, 495–505 (2000)

56. Weise, W.: Untersuchungen der Ursachen signifikanter Abweichungen von Messergebnissen aus unterschiedlichen, nach der europäischen Norm DIN EN ISO 140 normgerechten Prüfständen für die Schalldämmung. Forschungsbericht der PTB Braunschweig, Juni 2003, Fraunhofer IRB Verlag T 3033 (2004)

57. Wittstock, V., Bethke, C.: The role of static pressure and temperature in building acoustics. J. Build. Acoust 10(2), 159–176 (2003)

58. Vorländer, M., Bietz, H.: Comparison of methods for measuring reverberation time. ACUSTICA 80(1994), 205–215 (1994)

59. Meier, A., Schmitz, A.: Discussion of total loss factor measurement method for building elemets. Proceedings of Internoise' 97, Budapest (1997)

60. Jacobsen, F., Rindel, J. H.: Time reversed decay measurements. J. Sound vib. 117 (19), 187–190 (1987)

61. Vorländer, M.: Survey test methods for measuring airborne and impact sound transmission. Proceedings of Internoise 94, Yokohama, S. 1457–1462 (1994)

62. Buhlert, K., Feldmann, J.: Ein Meßverfahren zur Bestimmung von Körperschallanregung und -übertragung. Acustica 42(1979), 3 (1979)

63. DIN 4110-1938: Technische Bestimmungen für die Zulassung neuer Bauweisen. DIN 4110, Abschnitt D 11 (Schallschutz) (1938)

64. Beranek, L. L: Noise and Vibration Control. Revised Edition, Institute of Noise Control Engineering, Washington (1988)

65. Scholl, W., Maysenhölder, W.: Impact sound insulation of timber floors: Interaction between source, floor coverings and load bearing floor. J. Build. Acoust. 6(1999), 43–61 (1999)

66. Brunskog, J., Hammer, P.: The interaction between the ISO tapping machine and lightweight floors. Acta

Acustica united with Acustica **89**(2003), 269–308 (2003)

67. Schultz, T.J.: Impact noise testing and rating. Bericht NBS-GCR-80-249 des U.S. Department of Commerce – National Bureau of Standards, Jan. 1981

68. Watters, B. G.: Impact noise characteristics of female hard-heeled foot traffic. JASA **37**(4), 619–630 (1965)

69. Scholl, W.: Impact sound insulation: The standard tapping machine shall learn to walk! J. Build. Acoust **8**(2001), 245–256 (2001)

70. Thaden, R: Charakterisierung der Trittschallquelle „Menschlicher Geher". Fortschritte der Akustik, DAGA 2003, Aachen (2003)

71. Weise, W., Bethke, C., Scholl, W.: Bestimmung der Fußimpedanz während des Gehvorgangs. Fortschritte der Akustik, DAGA 2003, Aachen, 2003

72. Lievens, M., Brunskog, J.: Model of a person walking as a structure borne sound source. Proceedings of the ICA Madrid, 2007

73. Tachibana et al: Laboratory experiments on loudness of floor impact sounds. Inter noise (1993)

74. Nilsson, E., Hammer, P.: Subjective evaluation of impact sound transmission through floor structures. International Congress of Acoustics, Rome (2001)

75. Jeon, J.Y.: Objective and subjective evaluation of floor impact noise. International Congress of Acoustics, Rome (2001)

76. JIS A 1418-2: Acoustics – measurement of floor impact sound insulation of buildings. Part 2: Method using standard heavy impact source. Japanese Industrial Standards Committee, Tokyo, Japan (2000)

77. Korean Standard KS F 2810-2: Field measurement of impact sound insulation of floors; part 2: Method using standard heavy impact source

78. Tachibana, H., Tanaka, H., Yasuoka, M., Kimura, S.: Development of new heavy and soft impact source for the assessment of floor impact sound insulation of buildings. Proceedings of Inter-noise 98, 1998

79. Jeon, J.Y., Ryu, J.K., Jeong, J.H., Tachibana, H.: Review of the impact ball in evaluating floor impact sound. Acta Acustica United with Acustica **92**(2006), 777–786 (2006)

80. JIS A 1419-2: Rating of sound insulation in buildings and of building elements. Part 2: Floor impact sound insulation. Japanese Industrial Standards Committee, Tokyo, Japan (2000)

81. Korean Standard KS F 2863-2: Rating of floor impact sound insulation for impact source in building and of building elements; part 2: Floor impact sound insulation against standard heavy impact source

82. Richter, B., Weber, L., Leistner, P.: Trittschalldämmung von Decken: Messverfahren und Anforderungen in Asien. DAGA 2007 Stuttgart, 2007

83. Zeitler, B., Nightingale, T: Impedance of standard impact sources and their effect on impact sound pressure level of floors. Proceedings of Acoustics 08/Euronoise Paris 2008, S. 3035–3040, 2008

84. Schneider, M., Kohler, K., Fischer, H.-M.: Influence of flanking transmission on impact sound insulation in solid multi-dwellings. Fortschritte der Akustik, Joint Conference Deutsche Jahrestagung für Akustik und Jahrestagung der Sociéte d'Acoustique Francaise, Strasbourg (2004)

85. Fasold, W.: Untersuchungen über den Verlauf der Sollkurve für den Trittschallschutz im Wohnungsbau. Acustica **15**, 271–284 (1965)

86. Weber, L., Koch, S.: Anwendung von Spektrum-Anpassungswerten Teil 2: Trittschalldämmung (Teil B und Schluß). Bauphysik 22(1), 70–72 (2000)

87. Gösele, K.: Die Beurteilung des Trittschallschutzes von Rohdecken. Gesundheits-Ingenieur **9**,261 (1964)

88. Gösele, K., Giesselmann, K.: Die Vorherberechnung der Trittschalldämmung von Rohdecken. Bericht BS 22/76 des Fraunhofer Instituts für Bauphysik Stuttgart (1976)

89. Gibbs, B., Mayr, A.: Structure-borne sound transmission from machines into ribbed structures. Proceedings of Acoustics 08/Euronoise Paris, 2008

90. Nevese e Sousa, A., Gibbs, B.: Characterisation of low frequency impact sound transmission in dwellings. Proceedings of ICSV13, 13. International Congress on Sound and Vibration, Wien, 2006

91. Gösele, K., Giesselmann, K.: Ein einfaches Messverfahren zur Überprüfung des Trittschallschutzes von Massivdecken. IBP- Mitteilung **32**, 6 (1978)

92. Sonntag, E.: Kurzprüfverfahren für das Verbesserungsmaß des Trittschallschutzes bei Weichbelägen. Bauakademie der DDR (1977)

93. TGL 10688/13: Messverfahren der Akustik – Bestimmung des Trittschallverbesserungsmaßes von Weichbelägen mit Kurzprüfverfahren. DDR-Norm (1987)

94. Sommerfeld, M.: Entwicklung eines Kurzprüfverfahrens zur Bestimmung des Trittschallverbesserungsmaßes von Bodenbelägen. Fortschritte der Akustik – DAGA 2008 Dresden (2008)

95. NF S 31-074: Acoustics – Measurement of sound insulation in buildings and of building elements – Laboratory measurement of in room impact noise by floor covering put in this room. Norme française, AFNOR (2002)

96. EPLF Norm 021029-03: Laminate floor coverings – Determination of drum sound generated by means of a tapping machine. Bielefeld (2004)

97. Sarradj, E.: Walking noise and its characterisation. Proceedings of International Congress on Acoustics, ICA Rome, 2001

98. Sarradj, E.: Walking Noise: Physics and perception. Fortschritte der Akustik, CFA/DAGA 2004, Strasbourg (2004)

99. Schröder, H., Richter, B.: Evaluation of walking noise on floors. Fortschritte der Akustik, CFA/DAGA 2004, Strasbourg (2004)

100. Johansson, A.-C., Hammer, P., Nilsson, E.: Prediction of subjective response from objective measurements applied to walking sound. Acta Acustica United with Acustica, 90, 161–170 (2004)

101. Johansson, A.-C.: Drum sound from floor coverings – objective and subjective assessment. PhD-Thesis Lund University, Lund (2005)

102. Volz, R., Jakob, A., Möser, M.: Der physikalische Mechanismus der Gehschallabstrahlung von Laminat-Fußböden mit und ohne Unterschicht. Fortschritte der Akustik, DAGA 2005, München (2005)

103. Lievens, M.: Entwicklung eines Messverfahrens für Gehschall. Fortschritte der Akustik, DAGA 2006, Braunschweig (2006)

104. Bütikofer, R.: Gehschall: Das Hammerwerk kann den Schuh nicht nachbilden. Fortschritte der Akustik, DAGA 2008, Dresden (2008)

105. Rabold, A. et. al: Modelling the excitation force of a standard tapping machine on lightweight floor structures. Build. Acoust. 17(3), 175–197 (September 2010)

106. Schoenwald, S., Zeitler, B., Nightingale, T. R. T.: Dependency between standardized heavy impact sound pressure level and receiving room properties. Proceedings of Internoise 2011, Osaka, Japan (2011)

Normenliste (enthält die für die Bauakustik wesentlichen Normen)

107. ISO TR 25417: Acoustics – Definitions of basic quantities and terms

108. DIN EN ISO 8000-8: Größen und Einheiten – Teil 8: Akustik

109. DIN 1320: Akustik – Begriffe

110. DIN 45630-1 1971-12: Grundlagen der Schallmessung; Physikalische und subjektive Größen von Schall

111. DIN EN 21683: Akustik – Bevorzugte Bezugswerte für akustische Pegel (ISO 1683:1983); Deutsche Fassung EN 21683 (1994)

112. DIN EN ISO 1683: Bevorzugte Bezugswerte für Pegel in der Akustik und Schwingungstechnik (ISO 1683:2015); Deutsche Fassung EN ISO 1683 (2015)

113. CEN TR 15226: Bauprodukte – Behandlung der Akustik in technischen Produktspezifikationen

Anforderungsnormen

114. DIN 4109-1: Schallschutz im Hochbau Teil 1: Mindestanforderungen (2018)

115. DIN 4109-2: Schallschutz im Hochbau Teil 2: Rechnerische Nachweise der Erfüllung der Anforderungen (2018)

116. DIN 4109-31: Schallschutz im Hochbau Teil 31: Daten für die rechnerischen Nachweise des Schallschutzes (Bauteilkatalog) – Rahmendokument (2016)

117. DIN 4109-32: Schallschutz im Hochbau Teil 32: Daten für die rechnerischen Nachweise des Schallschutzes (Bauteilkatalog) – Massivbau (2016)

118. DIN 4109-33: Schallschutz im Hochbau Teil 33: Daten für die rechnerischen Nachweise des Schallschutzes (Bauteilkatalog) – Holz-, Leicht- und Trockenbau (2016)

119. DIN 4109-34: Schallschutz im Hochbau Teil 34: : Daten für die rechnerischen Nachweise des Schallschutzes (Bauteilkatalog) – Vorsatzkonstruktionen vor massiven Bauteilen (2016)

120. DIN 4109-35: Schallschutz im Hochbau Teil 35: T Daten für die rechnerischen Nachweise des Schallschutzes (Bauteilkatalog) – Elemente, Fenster, Türen, Vorhangfassaden (2016)

121. DIN 4109-36: Schallschutz im Hochbau Teil 36: Daten für die rechnerischen Nachweise des Schallschutzes (Bauteilkatalog) – Gebäudetechnische Anlagen (2016)

122. DIN 4109-4: Schallschutz im Hochbau Teil 4: Bauakustische Prüfungen (2016)

Berechnungsnormen

123. DIN EN ISO 12354-1: Bauakustik – Berechnung der akustischen Eigenschaften von Gebäuden aus den Bauteileigenschaften – Teil 1: Luftschalldämmung zwischen Räumen; Deutsche Fassung EN ISO 12354-1 (2017)

124. DIN EN ISO 12354-2: Bauakustik – Berechnung der akustischen Eigenschaften von Gebäuden aus den Bauteileigenschaften – Teil 2: Trittschalldämmung zwischen Räumen; Deutsche Fassung EN ISO 12354-2 (2017)

125. DIN EN ISO 12354-3: Bauakustik – Berechnung der akustischen Eigenschaften von Gebäuden aus den Bauteileigenschaften – Teil 3: Luftschalldämmung gegen Außenlärm; Deutsche Fassung EN ISO 12354-3 (2017)

126. DIN EN ISO 12354-4: Bauakustik – Berechnung der akustischen Eigenschaften von Gebäuden aus den Bauteileigenschaften – Teil 4: Schallübertragung von Räumen ins Freie; Deutsche Fassung EN ISO 12354-4 (2017)

127. DIN EN 12354-5: Bauakustik – Berechnung der akustischen Eigenschaften von Gebäuden aus den Bauteileigenschaften – Teil 5: Installationsgeräusche; Deutsche Fassung EN 12354-5 (2009)

128. DIN EN 12354-6: Bauakustik – Berechnung der akustischen Eigenschaften von Gebäuden aus den Bauteileigenschaften – Teil 6: Schallabsorption in Räumen; Deutsche Fassung EN 12354-6 (2003)

Bauakustische Messnormen

129. DIN EN ISO 10140-1: Akustik – Messung der Schalldämmung von Bauteilen im Prüfstand – Teil 1: Anwendungsregeln für bestimmte Produkte (ISO 10140-1:2016); Deutsche Fassung EN ISO 10140-1 (2016)

130. DIN EN ISO 10140-2: Akustik – Messung der Schalldämmung von Bauteilen im Prüfstand – Teil 2: Messung der Luftschalldämmung (ISO 10140-2:2010); Deutsche Fassung EN ISO 10140-2 (2010)

131. DIN EN ISO 10140-3: Akustik – Messung der Schalldämmung von Bauteilen im Prüfstand – Teil 3: Messung der Trittschalldämmung (ISO 10140-3:2010 + Amd. 1:2015); Deutsche Fassung EN ISO 10140-3:2010 + A1 (2015)

132. (Norm-Entwurf) DIN EN ISO 10140-4: Akustik – Messung der Schalldämmung von Bauteilen im Prüfstand – Teil 4 Messverfahren und Anforderungen (ISO/DIS 10140-4:2015); Deutsche und Englische Fassung prEN ISO 10140-4 (2015)

133. DIN EN ISO 10140-5: Akustik – Messung der Schalldämmung von Bauteilen im Prüfstand – Teil 5: Anforderungen an Prüfstände und Prüfeinrichtungen (ISO 10140-5:2010 + Amd.1:2014); Deutsche Fassung EN ISO 10140-5:2010 + A1 (2014)

134. DIN EN ISO 16283-1: Akustik – Messung der Schalldämmung in Gebäuden und von Bauteilen am Bau – Teil 1: Luftschalldämmung (ISO 16283-1:2014); Deutsche Fassung EN ISO 16283-1 (2014)

135. (Norm Entwurf) DIN EN ISO 16283-1/prA1: Akustik – Messung der Schalldämmung in Gebäuden und von Bauteilen am Bau – Teil 1: Luftschalldämmung – Änderung 1 (ISO 16283-1:2014/DAM 1:2016); Deutsche und Englische Fassung EN ISO 16283-1:2014/prA1 (2016)

136. (Norm Entwurf) DIN EN ISO 16283-2: Akustik – Messung der Schalldämmung in Gebäuden und von Bauteilen am Bau – Teil 2: Trittschalldämmung (ISO/DIS 16283-2:2017); Deutsche und Englische Fassung prEN ISO 16283-2 (2017)

137. DIN EN ISO 16283-3: Akustik – Messung der Schalldämmung in Gebäuden und von Bauteilen am Bau – Teil 3: Fassadenschalldämmung (ISO 16283-3:2016); Deutsche Fassung EN ISO 16283-3 (2016)

138. DIN EN ISO 15186-1: Akustik – Bestimmung der Schalldämmung in Gebäuden und von Bauteilen aus Schallintensitätsmessungen – Teil 1: Messungen im Prüfstand (ISO 15186-1:2000); Deutsche Fassung EN ISO 15186-1 (2003)

139. DIN EN ISO 15186-2: Akustik – Bestimmung der Schalldämmung in Gebäuden und von Bauteilen aus Schallintensitätsmessungen – Teil 2: Messungen am Bau (ISO 15186-2:2003); Deutsche Fassung EN ISO 15186-2 (2010)

140. DIN EN ISO 15186-3: Akustik – Bestimmung der Schalldämmung in Gebäuden und von Bauteilen aus Schallintensitätsmessungen – Teil 3: Messungen bei niedrigen Frequenzen im Prüfstand (ISO 15186-3:2002); Deutsche Fassung EN ISO 15186-3 (2010)

141. DIN EN ISO 10848-1: Akustik – Messung der Flankenübertragung von Luftschall, Trittschall und Schall von Gebäudetechnischen Anlagen zwischen benachbarten Räumen im Prüfstand und am Bau – Teil 1: Rahmendokument (ISO/DIS 10848-1:2016); Deutsche und Englische Fassung prEN ISO 10848-1 (2016)

142. DIN EN ISO 10848-2: Akustik – Messung der Flankenübertragung von Luftschall, Trittschall und Schall von Gebäudetechnischen Anlagen zwischen benachbarten Räumen im Prüfstand und am Bau – Teil 2: Anwendung auf Typ B-Bauteile, wenn die Verbindung geringen Einfluss hat (ISO/DIS 10848-2:2016); Deutsche und Englische Fassung prEN ISO 10848-2 (2016)

143. DIN EN ISO 10848-3: Akustik – Messung der Flankenübertragung von Luftschall, Trittschall und Schall von Gebäudetechnischen Anlagen zwischen benachbarten Räumen im Prüfstand und am Bau – Teil 3: Anwendung auf Typ B-Bauteile, wenn die Verbindung wesentlichen Einfluss hat (ISO/DIS 10848-3:2016); Deutsche und Englische Fassung prEN ISO 10848-3 (2016)

144. DIN EN ISO 10848-4: Akustik – Messung der Flankenübertragung von Luftschall, Trittschall und Schall von Gebäudetechnischen Anlagen zwischen benachbarten Räumen im Prüfstand und am Bau – Teil 4: Anwendung auf Stoßstellen mit mindestens einem Typ A-Bauteil (ISO/DIS 10848-4:2016); Deutsche und Englische Fassung prEN ISO 10848-4 (2016)

145. DIN EN ISO 18233: Akustik – Anwendung neuer Messverfahren in der Bau- und Raumakustik (ISO 18233:2006); Deutsche Fassung EN ISO 18233 (2006)

146. DIN EN ISO 10052: Akustik – Messung der Luftschalldämmung und Trittschalldämmung und des Schalls von haustechnischen Anlagen in Gebäuden – Kurzverfahren (ISO 10052:2004 + Amd 1:2010); Deutsche Fassung EN ISO 10052:2004 + A1 (2010)

147. DIN EN ISO 16032: Akustik – Messung des Schalldruckpegels von haustechnischen Anlagen in Gebäuden – Standardverfahren (ISO 16032:2004); Deutsche Fassung EN ISO 16032 (2004)

148. DIN EN 14366: Messung der Geräusche von Abwasserinstallationen im Prüfstand; Deutsche Fassung EN 14366 (2004)

149. DIN 52221: Bauakustische Prüfungen – Körperschallmessungen bei haustechnischen Anlagen

150. DIN EN ISO 3822-1: Akustik – Prüfung des Geräuschverhaltens von Armaturen und Geräten der Wasserinstallation im Laboratorium – Teil 1: Meßverfahren (ISO 3822-1:1999); Deutsche Fassung EN ISO 3822-1 (1999)
151. (Norm-Entwurf) DIN EN ISO 3822-1/A1: Akustik – Prüfung des Geräuschverhaltens von Armaturen und Geräten der Wasserinstallation im Laboratorium – Teil 1: Messverfahren – Änderung 1: Messunsicherheit (ISO 3822-1:1999/ DAM 1:2007); Deutsche Fassung EN ISO 3822-1:1999/prA1 (2007)
152. DIN EN ISO 3822-2: Akustik – Prüfung des Geräuschverhaltens von Armaturen und Geräten der Wasserinstallation im Laboratorium – Teil 2: Anschluß- und Betriebsbedingungen für Auslaufventile und für Mischbatterien (ISO 3822-2:1995); Deutsche Fassung EN ISO 3822-2 (1995)
153. DIN EN ISO 3822-3: Akustik – Prüfung des Geräuschverhaltens von Armaturen und Geräten der Wasserinstallation im Laboratorium – Teil 3: Anschluss- und Betriebsbedingungen für Durchgangsarmaturen (ISO/DIS 3822-3:2016); Deutsche und Englische Fassung prEN ISO 3822-3 (2016)
154. DIN EN ISO 3822-4: Akustik – Prüfung des Geräuschverhaltens von Armaturen und Geräten der Wasserinstallation im Laboratorium – Teil 4: Anschluß- und Betriebsbedingungen für Sonderarmaturen (ISO 3822-4:1997); Deutsche Fassung EN ISO 3822-4 (1997)
155. DIN 52219: Bauakustische Prüfungen; Messung von Geräuschen der Wasserinstallationen in Gebäuden
156. DIN EN 15657-1: Akustische Eigenschaften von Bauteilen und von Gebäuden – Messung des Luft- und Körperschalls von haustechnischen Anlagen im Prüfstand – Teil 1: Vereinfachte Fälle, in denen die Admittanzen der Anlagen wesentlich höher sind als die der Empfänger am Beispiel von Whirlwannen; Deutsche Fassung EN 15657-1 (2009)
157. DIN EN 16205: Messung von Gehschall auf Fußböden im Prüfstand; Deutsche Fassung EN 16205 (2013)

Bewertungsverfahren

158. DIN EN ISO 717-1: Akustik – Bewertung der Schalldämmung in Gebäuden und von Bauteilen – Teil 1: Luftschalldämmung (ISO 717-1:2013); Deutsche Fassung EN ISO 717-1 (2013)
159. DIN EN ISO 717-2: Akustik – Bewertung der Schalldämmung in Gebäuden und von Bauteilen – Teil 2: Trittschalldämmung (ISO 717-2:2013); Deutsche Fassung EN ISO 717-2 (2013)
160. DIN EN ISO 11654: Akustik – Schallabsorber – Bewertung von Schallabsorptionsgraden (ISO/DIS 11654:2017); Deutsche und Englische Fassung prEN ISO 11654 (2017)

Materialeigenschaften

161. DIN EN ISO 354: Akustik – Messung der Schallabsorption in Hallräumen (ISO 354:2003); Deutsche Fassung EN ISO 354 (2003)
162. DIN EN 20354/A1 1997-10: Akustik; Messung der Schallabsorption im Hallraum; Änderung 1:Montagearten von Prüfgegenständen für Schallabsorptionsmessungen
163. DIN EN ISO 10534-1: Akustik – Bestimmung des Schallabsorptionsgrades und der Impedanz in Impedanzrohren – Teil 1: Verfahren mit Stehwellenverhältnis (ISO 10534-1:1996); Deutsche Fassung EN ISO 10534-1 (2001)
164. DIN EN ISO 10534-2: Akustik – Bestimmung des Schallabsorptionsgrades und der Impedanz in Impedanzrohren – Teil 2: Verfahren mit Übertragungsfunktion (ISO 10534-2:1998); Deutsche Fassung EN ISO 10534-2 (2001)
165. DIN EN ISO 10534-2 Berichtigung 1: Akustik – Bestimmung des Schallabsorptionsgrades und der Impedanz in Impedanzrohren – Teil 2: Verfahren mit Übertragungsfunktion (ISO 10534-2:1998); Deutsche Fassung EN ISO 10534-2:2001, Berichtigungen zu DIN EN ISO 10534-2:2001-10
166. DIN EN 29052-1: Akustik; Bestimmung der dynamischen Steifigkeit; Teil 1: Materialien, die unter schwimmenden Estrichen in Wohngebäuden verwendet werden; Deutsche Fassung EN 29052-1 (1991)
167. DIN EN 29053: Akustik; Materialien für akustische Anwendungen; Bestimmung des Strömungswiderstandes (ISO 9053:1991); Deutsche Fassung EN 29053 (1993)

Diverse Normen

168. DIN 45641: Mittelung von Schallpegeln

Straßen

169. ZTV-Lsw 88 1988: Zusätzliche Technische Vorschriften und Richtlinien für die Ausführung von Lärmschutzwänden an Straßen
170. DIN EN 1793-1: Lärmschutzvorrichtungen an Straßen – Prüfverfahren zur Bestimmung der akustischen Eigenschaften – Teil 1: Produktspezifische Merkmale der Schallabsorption in diffusen Schallfeldern; Deutsche Fassung EN 1793-1 (2017)
171. DIN EN 1793-2: Lärmschutzvorrichtungen an Straßen – Prüfverfahren zur Bestimmung der akustischen Eigenschaften – Teil 2: Produktspezifische Merkmale der Luftschalldämmung in diffusen Schallfeldern; Deutsche und Englische Fassung prEN 1793-2 (2016)

172. DIN EN 1793-3: Lärmschutzeinrichtungen an Straßen – Prüfverfahren zur Bestimmung der akustischen Eigenschaften – Teil 3: Standardisiertes Verkehrslärmspektrum; Deutsche Fassung EN 1793-3 (1997)
173. RLS-90 1990: Richtlinien für den Lärmschutz an Straßen. RLS-90

Raumakustik

174. DIN EN ISO 3382-2: Akustik – Messung von Parametern der Raumakustik – Teil 1: Aufführungsräume (ISO 3382-1:2009); Deutsche Fassung EN ISO 3382-1 (2009)
175. DIN EN ISO 3382-2: Akustik – Messung von Parametern der Raumakustik – Teil 2: Nachhallzeit in gewöhnlichen Räumen (ISO 3382-2:2008); Deutsche Fassung EN ISO 3382-2 (2008)
176. DIN EN ISO 3382-2B: Akustik – Messung von Parametern der Raumakustik – Teil 2: Nachhallzeit in gewöhnlichen Räumen (ISO 3382-2:2008); Deutsche Fassung EN ISO 3382-2:2008, Berichtigung zu DIN EN ISO 3382-2:2008-09; Deutsche Fassung EN ISO 3382-2:2008/AC (2009)
177. DIN EN ISO 3382-3: Akustik – Messung von Parametern der Raumakustik – Teil 3: Großraumbüros (ISO 3382-3:2012); Deutsche Fassung EN ISO 3382-3 (2012)

Messgeräte

178. DIN EN 60651: Schallpegelmesser (IEC 651:1979 + A1:1993); Deutsche Fassung EN 60651:1994 + A1 (1994)
179. DIN EN 60804: Integrierende mittelwertbildende Schallpegelmesser (IEC 804:1985 + A1:1989 und A2:1993); Deutsche Fassung EN 60804:1994 + A2 (1994)
180. DIN EN 60942: Elektroakustik – Schallkalibratoren (IEC 29/919/CDV:2016); Deutsche und Englische Fassung prEN 60942 (2016)
181. DIN EN 61260: Elektroakustik – Bandfilter für Oktaven und Bruchteile von Oktaven (IEC 61260:1995 + A1:2001); Deutsche Fassung EN 61260:1995 + A1:2001, 2003-03

182. DIN EN 61672-1: Elektroakustik – Bandfilter für Oktaven und Bruchteile von Oktaven – Teil 1: Anforderungen (IEC 61260-1:2014); Deutsche Fassung EN 61260-1 (2014)
183. DIN EN 61672-2: Elektroakustik – Bandfilter für Oktaven und Bruchteile von Oktaven – Teil 2: Baumusterprüfung (IEC 61260-2:2016 + AMD1:2017); Deutsche Fassung EN 61260-2:2016 + A1(2017)
184. DIN EN 61672-3: Elektroakustik – Bandfilter für Oktaven und Bruchteile von Oktaven – Teil 3: Periodische Einzelprüfung (IEC 61260-3:2016); Deutsche Fassung EN 61260-3 (2016)

Sonstiges

185. DIN EN ISO/IEC 17025: Allgemeine Anforderungen an die Kompetenz von Prüf- und Kalibrierlaboratorien (ISO/IEC DIS 17025:2016); Deutsche und Englische Fassung prEN ISO/IEC 17025 (2016)
186. DIN EN ISO 9001: Qualitätsmanagementsysteme – Anforderungen (ISO 9001:2015); Deutsche und Englische Fassung EN ISO 9001 (2015)

Bände der Reihe Fachwissen Technische Akustik

187. Möser, M., Feldmann, J., Körperschall-Messtechnik, Springer 2018
188. Möser, M., Technische Akustik, Springer 2015
189. Möser, M., Feldmann, J., Schallpegelmesstechnik und ihre Anwendung, Springer 2018
190. Möser, M., Messung der Schallleistung, Springer 2018
191. Möser, M., Ahnert, W. und Feistel, S., Einmessung und Verifizierung raumakustischer Gegebenheiten und von Beschallungsanlagen, Springer 2018
192. Möser, M., Vorländer, M., Digitale Signalverarbeitung in der Messtechnik, Springer 2018